国家重点研发计划项目(2016YFC0701904)资助
中央高校基本科研业务费专项资金项目(2020QN73)资助

装配式混凝土结构建筑吊装
序列方案规划与控制

袁振民　著

中国矿业大学出版社
·徐州·

内 容 提 要

本书主要内容包括:吊装序列方案规划与控制理论及方法分析,装配式混凝土结构建筑的吊装序列方案规划与优化,装配式混凝土结构建筑的吊装序列方案变更影响因素识别与分析,装配式混凝土结构建筑的吊装序列方案动态控制,吊装序列方案规划与控制在装配式混凝土结构建筑项目案例中的实践。

本书可供工程管理专业的科技工作者、研究生和本科生参考使用。

图书在版编目(CIP)数据

装配式混凝土结构建筑吊装序列方案规划与控制 /
袁振民著.—徐州:中国矿业大学出版社,2021.4
ISBN 978 - 7 - 5646 - 5000 - 1

Ⅰ.①装… Ⅱ.①袁… Ⅲ.①装配式混凝土结构—结构吊装—研究 Ⅳ.①TU37

中国版本图书馆 CIP 数据核字(2021)第 067174 号

书　　名	装配式混凝土结构建筑吊装序列方案规划与控制	
著　　者	袁振民	
责任编辑	陈红梅	
出版发行	中国矿业大学出版社有限责任公司	
	(江苏省徐州市解放南路　邮编 221008)	
营销热线	(0516)83884103　83885105	
出版服务	(0516)83995789　83884920	
网　　址	http://www.cumtp.com　E-mail:cumtpvip@cumtp.com	
印　　刷	江苏淮阴新华印务有限公司	
开　　本	787 mm×1092 mm　1/16　**印张** 8.25　**字数** 180 千字	
版次印次	2021 年 4 月第 1 版　2021 年 4 月第 1 次印刷	
定　　价	36.00 元	

(图书出现印装质量问题,本社负责调换)

前　言

　　装配式建筑是一种快捷且可持续的城市基础设施。由于其具有快捷性和灵活性，因此一些应急医院采用了装配式建筑技术进行建造。实践表明，装配式建筑在 2020 年抗击新冠肺炎疫情的全球斗争中为人类赢得了大量时间。因此，装配式建筑开始引起全球的广泛关注。装配式建筑可划分为钢结构、木结构和混凝土结构三种体系，当前国内装配式建筑以混凝土结构为主。

　　随着装配式混凝土结构建筑的不断发展，装配式混凝土结构建筑的预制率和装配率越来越高、规模越来越大、结构越来越复杂，导致其吊装序列方案的规划难度增大；此外，由于装配式混凝土结构建筑建造过程中一些影响因素不易控制，导致已制订的吊装序列方案经常性地变更，降低了吊装序列方案规划的效用，不利于装配式施工的标准化、规范化和精益化等。目前，这些问题正逐渐受到人们的重视，而且相关研究不断跟进且具有一定的新度。在这一背景下，对装配式混凝土结构建筑的吊装序列方案规划与控制问题进行研究具有一定的理论意义和实际意义。

　　本书在装配式混凝土结构建筑内涵与特点基础上，借鉴了现有吊装序列方案规划与控制理论及方法，系统阐述了面向装配式混凝土结构建筑的吊装序列方案规划与控制方法。全书共分 7 章：

　　第 1 章简要介绍了装配式混凝土结构建筑吊装序列方案规划与控制问题，综述了装配序列相关理论及方法研究现状、装配式建筑吊装序列方案规划研究现状、装配式建筑吊装序列方案控制研究现状。

第2章分析了吊装序列方案规划与控制理论及方法,包括层次树模型技术、建筑信息模型技术、改进遗传算法、影响因素分析方法、无线射频识别技术。

第3章提出了基于BIM-IGA(建筑信息模型技术-改进遗传算法)的吊装序列方案规划与优化方法,首先介绍了面向同类别预制构件的吊装序列方案评价指标体系、各评价指标函数和统一的目标函数,然后采用改进遗传算法进行吊装序列方案的最优化求解,并且通过建筑信息模型技术对求解结果做进一步的可视化模拟检验,最后引进案例推理方法弥补改进遗传算法求解效率的缺陷。

第4章分析了装配式建筑吊装序列方案变更影响因素,提出了基于文献-调研-咨询的影响因素识别方式,构建了面向装配式混凝土结构建筑的吊装序列方案变更影响因素体系,揭示了各影响因素间的相互关系,采用多种影响因素分析方法依次进行影响因素的层次结构分析、分类分析和重要度分析并给出相应的建议,并且介绍了将以上分析结果及各影响因素发生的概率、条件概率集成到解释结构模型上的方法。

第5章建立了基于BIM-RFID(建筑信息模型技术-无线射频识别技术)的吊装序列方案动态控制方法,阐述了基于BIM-RFID的吊装序列方案变更影响因素动态控制机制,采用建筑信息模型技术关联装配式混凝土结构建筑项目,同时采用无线射频识别技术实时收集吊装序列方案变更影响因素的相关数据,构建了吊装序列方案可视化动态调整模型,提出并详述了基于BIM-RFID的吊装序列方案控制系统原型。

第6章通过装配式混凝土结构建筑工程项目案例模拟了所建立的核心理论方法模型,并且对这些核心理论方法模型进行检验,为未来其他装配式混凝土结构建筑项目实践提供借鉴。

第7章凝练了本书提出的理论、方法、创新点、不足之处和未来工作。

本书的选题和研究工作得到了王要武教授的指导,在此致以崇高的敬意和衷心的感谢！

　　本书的出版得到了国家重点研发计划项目（2016YFC0701904）、中央高校基本科研业务费专项资金项目（2020QN73）的资助。

　　由于作者水平有限，书中难免存在不妥之处，敬请广大读者批评指正。

著　者

2020 年 5 月

目　录

1

绪 论

1.1 研究背景与问题的提出

1.1.1 研究背景

混凝土结构建筑从诞生至今已有 100 多年的历史,发展初期的生产方式主要为现场浇筑。随着混凝土结构建筑的发展,现场浇筑的缺点逐渐凸显。众所周知,现浇混凝土结构建筑采用粗放型和劳动密集型的建造方式,存在高浪费、高耗能、高污染、效率低下等问题,对产业结构、城市生态、工作环境等造成严重的负面影响;此外,建筑业对社会人才的吸引力比较低,尤其是施工领域,随着农民工增长速度放缓且大龄人员比例扩大,导致建筑业出现招工难的问题。为了解决这些问题,以装配式建筑为代表的工业化建筑得到大力推广。装配式建筑,又称为预制建筑或预制装配式建筑,是一种由预制构件组装而成并以预制构件为主要受力构件的建筑,具有标准化设计、工厂化生产、装配式施工等主要特点。2020 年,装配式建筑为全球抗击新冠疫情争取了大量时间,如武汉火神山医院项目、雷神山医院项目以及一些地区的"小汤山"医院项目。与钢结构和木结构相比,我国装配式建筑以混凝土结构为主。装配式混凝土结构建筑是一种典型的装配式建筑,改变了人们对混凝土结构建筑一贯采用现浇方式的观念。然而,装配式混凝土结构建筑的历史并非十分短暂,至今已有 50 多年的历史,并在一些发达国家(如美国、日本等)得到成功应用,甚至一些装配式混凝土结构建筑的施工完全避免了湿作业,预制率和装配率达到了 100%。因此,装配式混凝土结构建筑已经历了实际应用和时间上的检验,部分相关技术已经非常成熟,有待于在技术上精益求精和在城市建设中积极的推广。

近几年,尤其是"十三五"规划以来,装配式建筑在国内发展迅速,常见的装配式建筑一般分为 3 种结构:钢结构、木结构和混凝土结构。图 1-1 展示了中国知网中2000—2017年与装配式建筑相关的文献数量,在输入检索条件中选择主题并输入"装配式建筑""预制建筑""预制装配式建筑"等关键词,可采用模糊检索获取此数据。根据图1-1中的趋势线可知,2000—2017年与装配式建筑相关的文献数量整体呈上升趋势,尤其是2015—2017年相关文献增长趋势非常明显。混凝土结构的装配建筑比较适合我国国情并在国内取得了较快的发展。装配式混凝土结构建筑使建筑这一特殊商品产业化,农民工转变为职业工人,提高了整个建筑行业的工作效益和质量,降低了对自然生态环境的不利影响,得到了国家相关部门的大力推广,与之相关的政策、规范、标准、定额不断出台,如《钢筋套筒灌浆连接应用技术规程》(JGJ 355—2015)、《装配式环筋扣合锚接混凝土剪力墙结构技术标准》(JGJ/T 430—2018)、《工业建筑节能设计统一标准》(GB 51245—2017)、《装配式劲性柱混合梁框架结构技术规程》(JGJ/T 400—2017)、《装配式建筑评价标准》(GB/T 51129—2017)、《装配式混凝土建筑技术标准》(GB/T 51231—2016)、《装配式建筑工程消耗量定额》(TY01-01 (01)—2016)、《装配式混凝土结构住宅建筑设计示例(剪力墙结构)》等。除了国家颁布的一些与装配式混凝土结构建筑相关的政策、规范、标准、定额外,在"十三五"期间国家也颁布了许多与装配式混凝土结构建筑相关的研发计划,面向装配式混凝土结构建筑的科研文献数量逐渐增多,一些预制构件生产厂纷纷建立,一些施工企业开始或已经从事装配式混凝土结构建筑项目。从目前的趋势可看出,装配式混凝土结构建筑具有广阔的市场空间和巨大的发展前景,在建筑业中的地位将会得到不断提升。

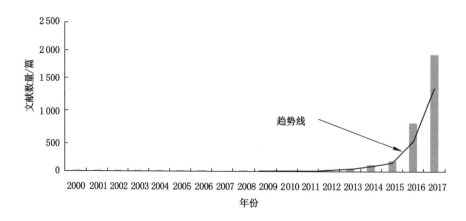

图1-1　中国知网2000—2017年与装配式建筑相关的文献数量

1.1.2　问题提出

随着装配式混凝土结构建筑的发展,装配式混凝土结构建筑的预制率和装配率越来越高、规模越来越大、结构越来越复杂,而且其建造过程也由单一的施工过程扩展到生产、运输和施工等过程,这使得一些与施工现场预制构件吊装顺序相关的问题开始逐渐凸显,具体如下:

(1)吊装序列方案规划的难度增加

装配式混凝土结构建筑吊装序列方案规划是一个需要综合地考虑众多约束条件从而系统化地制订吊装序列方案的过程。当装配式混凝土结构建筑中预制构件的规划数量较少、布局简单时,仅依靠工艺工程师的经验即可得到满意甚至最优的吊装序列方案。但是,当装配式混凝土结构建筑中预制构件的规划数量较多、布局复杂时,由于人脑的局限性,仅依靠人的经验知识求解最优的吊装序列方案变得相对困难。

(2)吊装序列方案的变更比较频繁

装配式混凝土结构建筑吊装序列方案的实施不仅受到施工过程因素的影响,而且还会受到生产、运输等过程因素的影响,增加了吊装序列方案控制的难度;在装配式混凝土结构建筑建造过程中,一些偶发的影响因素可能导致一些施工条件不满足,使得已制订好的吊装序列方案发生变更,这在很大程度上降低了吊装序列方案规划的效用,无法展现出装配式混凝土结构建筑施工在进度、成本、质量、安全等方面应有的优势,不利于施工工艺的标准化、规范化、精益化。

(3)与吊装序列方案相关的研究和技术十分缺乏

尽管装配式混凝土结构建筑的吊装序列方案问题越来越突出,但是相关研究和技术不是很多。目前,装配式混凝土结构建筑吊装序列方案的制订依然主要依靠工艺工程师的经验知识,缺乏一套科学、系统的吊装序列方案规划与优化理论方法,这将会导致吊装序列方案的质量因人而异。此外,在装配式混凝土结构建筑施工过程中一旦预制构件吊装顺序出错,现场施工管理人员只能依靠个人的经验知识对后续预制构件进行临时调整,缺乏相应的监控系统和动态调整机制。

除了相关文献查阅、项目调研、专家咨询外,本书的研究成果还主要来源于"十三五"国家重点研发计划项目"预制装配式混凝土结构建筑产业化关键技术"子课题"全产业链资源、能源与劳动力消耗效益评价方法与标准研究"

(2016YFC0701904)。

1.2 研究目的和意义

1.2.1 研究目的

本书研究目的是如何更好地解决装配式混凝土结构建筑领域中逐渐凸显的吊装序列方案规划与控制问题,具体如下:

(1) 把现有的零散的吊装序列方案规划与控制经验知识规范化、理论化

目前,面向装配式混凝土结构建筑的吊装序列方案规划与控制问题缺乏专门的研究,很多文献只是部分涉及此问题,施工企业虽然拥有丰富的实践经验,却很少对相关经验知识进行系统化梳理和总结,导致这些知识比较零散且缺乏科学性。为此,通过查阅文献、项目调研、专家咨询等方式,对与装配式混凝土结构建筑吊装序列方案规划与控制相关的零散的经验知识进行系统化收集、整理和总结,建立理论模型或方法模型,使其科学化、规范化、理论化。

(2) 为解决装配式混凝土结构建筑吊装序列方案规划与优化问题提供一些理论方法

装配式混凝土结构建筑施工方式比较特殊,非装配式建筑的施工工艺规划方法难以适用于其吊装序列方案规划与优化,而与之匹配的理论、方法或工具又十分缺乏。因此,本书通过分析装配式混凝土结构建筑的施工特点并借鉴其他行业中的一些相关理论方法,试图建立一些面向装配式混凝土结构建筑的吊装序列方案规划与优化模型,弥补建筑业在这一领域的理论方法空白,辅助施工企业制订出最优且合理的装配式混凝土结构建筑吊装序列方案。

(3) 为装配式混凝土结构建筑的自动化吊装奠定基础

施工自动化是装配式混凝土结构建筑发展的必然趋势,而自动化吊装是其中的关键环节;装配式混凝土结构建筑的自动化吊装不仅包括预制构件的自动化识别和吊运,而且还包括预制构件的自动化安装;在进行预制构件吊装之前,必须确定预制构件间的吊装逻辑顺序,否则将会导致一些构件难以安装,甚至无法安装。本书的吊装序列方案规划与优化问题研究成果可以为装配式混凝土结构建筑的自动化吊装提供所需的吊装序列方案,为其实现进一步奠定基础。

(4) 确保装配式混凝土结构建筑吊装序列方案的顺利实施

既定的装配式混凝土结构建筑吊装序列方案在实施过程中不可避免地受到一些影响因素的干扰,使其被迫变更。为了尽量减少装配式混凝土结构建筑吊装序列方案不必要的变更,需要识别这些影响因素并进行全方位的分析和重点控制;此外,还需要建立动态的监控和调整机制,以应对施工过程中吊装序列方案不得不变更的情况,从而确保装配式混凝土结构建筑吊装序列方案的顺利实施。

1.2.2　研究意义

对装配式混凝土结构建筑领域中吊装序列方案规划与控制的理论方法、数学模型、影响因素、系统原型等进行探索与研究,并结合调研项目案例进行实践应用验证,具有一定的理论意义和实践意义。

1.2.2.1　理论意义

(1) 有利于丰富和拓展面向装配式混凝土结构建筑的吊装序列方案规划与控制理论体系

目前,与装配式混凝土结构建筑吊装序列方案规划与控制相关的研究仍然十分缺乏,工程实践中的知识又比较零散,导致相关理论体系不完善,因此专门针对装配式混凝土结构建筑吊装序列方案规划与控制问题进行详细的研究。在研究过程中,界定了预制构件吊装过程,提出了吊装序列方案规划的概念和吊装序列方案控制的概念,引进了层次模型技术、建筑信息模型技术、经典遗传算法、影响因素分析法和无线射频识别技术等多种理论方法,并对部分方法进行合理改进,在此基础上多种理论方法有机结合以建立一些与研究课题相匹配的理论方法模型。这些理论方法模型不仅用于规划、求解和调整最优的吊装序列方案,可视化动态管控最优吊装序列方案的实施,而且还有利于进一步完善、丰富和拓展装配式混凝土结构建筑吊装序列方案规划与控制理论体系。

(2) 有助于推动装配式混凝土结构建筑吊装序列方案规划与控制问题的进一步研究

装配式混凝土结构建筑吊装序列方案规划与控制问题正逐渐引起施工企业以及建筑领域学者的重视,本书不仅对前人的相关研究进行了系统地整理和评述,而且还提出了一些适用于装配式混凝土结构建筑吊装序列方案规划与控制的理论方法模型,这在一定程度上奠定了此研究方向的基础,为后续的研究提供参考和借鉴。此外,还提出了研究的不足之处以及可能的解决方法,为后续研究指明了方向,这些都有助于推动装配式混凝土结构建筑领域中吊装序列方案规划与控制问题的进一步研究。

1.2.2.2 实践意义

（1）有利于辅助施工企业更好地解决装配式混凝土结构建筑的吊装序列方案规划与控制问题

当装配式混凝土结构建筑预制构件的规划数量较多、布局复杂且其建造过程存在过多不确定性影响因素时，由于人脑的局限性，单纯地依靠人力难以对装配式混凝土结构建筑的吊装序列方案进行有效的规划与控制，因此本书试图研发一些理论、方法或工具辅助施工企业相关人员更好地解决装配式混凝土结构建筑的吊装序列方案规划与控制问题。

（2）有助于装配式混凝土结构建筑发挥其在工期、成本、质量、安全等方面的优势

对装配式混凝土结构建筑吊装序列方案进行规划将有利于降低建筑总体的吊装难度、减少工人的无效工作，由此产生的吊装序列方案以及在此基础上建立的动态控制机制将有利于相关作业活动标准化、规范化，这些最终都会影响装配式混凝土结构建筑施工的进度、成本、质量、安全等。生成的吊装序列方案质量越高，吊装序列方案的控制和调整越及时有效，就越有助于装配式混凝土结构建筑发挥其在工期、成本、质量、安全等方面的优势。

（3）为面向装配式混凝土结构建筑的吊装序列方案控制系统的进一步研发奠定了基础

装配式混凝土结构建筑吊装序列方案规划与控制理论方法的研究为相关系统的开发奠定了基础；集成更多功能于一身的系统有利于施工企业实现集中式管理，提高工作人员的工作效率，实时地掌握和分析各项活动的进展情况并进行有效规划与控制。为了实现装配式混凝土结构建筑吊装序列方案的自动规划和可视化动态控制，本书提出了一个吊装序列方案控制系统，并对其原型进行概念设计，为系统后续的技术开发奠定了基础。

1.3　国内外研究现状及其评述

1.3.1　装配序列相关理论方法研究现状

众多元素按照一定的顺序排成一排形成一个序列，在一个序列中元素间存在先后逻辑关系。序列规划与优化是指对元素的排列顺序进行合理规划以求

得一个最优的序列方案。序列规划与优化问题涉及国民经济的众多行业,一直是国内外学者的研究焦点,与之对应的理论方法也在不断推陈出新,如制造业中的装配(拆卸)序列规划与优化相关理论方法。作为一种工业化建筑,装配式混凝土结构建筑兼具了建筑业和制造业的双重属性。因此,制造业中一些关于装配(拆卸)序列规划与优化问题的研究方法可以为装配式混凝土结构建筑吊装序列方案规划与控制问题的研究提供参考和借鉴。

在制造业中,由众多基本构件安装而成的产品统称为装配体,如汽车、飞机、船舶等都是常规的装配体。装配体的装配(拆卸)序列规划与优化可以分为4个阶段:装配体三维模型绘制及构件编号、装配信息模型构建、装配序列方案生成、装配序列方案评价与选优[1-3]。装配体三维模型绘制一般采用 CAD、AutoCAD 等技术,构件编号具有唯一性[4-5]。装配信息模型用于描述装配体与构件之间以及构件相互之间的关系,如果构成装配体的基本构件众多,那么可以在基本构件与装配体之间建立子装配体,从而简化其关系结构。建立装配信息模型的方法一般有 Petri 网、AND/OR 图、无向图或有向图、层次树模型等[6-7]。这些装配信息模型的表达方法各有独特的优势,Petri 网不仅具有直观的图形表达,还可以用严格的数学公式表达;AND/OR 图、无向图或有向图属于图论的范畴,可以与割集法结合;层次树模型比较灵活,几乎可以表示任意装配体与其组成元素之间的结构关系。装配序列方案生成的方法有很多,一般可概括为经验生成法[8-9]、历史案例法[10-11]、随机生成法[12-13]等主要方法。经验生成法利用人的经验知识生成若干个可行的装配序列方案,然后从中选出最优的一个。历史案例法又称为案例推理法,是指通过借鉴以往的一些相似案例推理出一个比较满意的装配序列方案。随机生成法是指利用计算机随机生成许多可行的装配序列方案,然后从中选出最优的一个。

装配序列方案评价与选优是指依据建立的评价指标体系从众多可行的装配序列方案中筛选出最优的一个。国内外学者对装配体的装配序列方案评价与选优问题进行了大量研究,相关理论方法可以总结为4类:图论方法、案例推理方法、虚拟现实技术、人工智能算法。面向装配序列方案评价与选优的图论方法主要集中在关联图[14]、层次结构图[15]、割集分析法[16]等。面向装配序列方案评价与选优的案例推理方法主要是充分利用已有装配知识和案例库进行装配序列方案的规划,这有利于知识的积累[17-18]。在装配体的装配过程中,虚拟现实技术是一项常用的技术,其主要作用体现在为装配体的装配工艺流程提供一个沉浸式可视化的三维模拟环境[19-20],其中的装配体模型仍需要借助专门的三维建模软件绘制[21-22]。与以上3类方法相比，人工智能算法在处理装配序列方案评价与选优问题时更为常见，能够朝着最优的方向搜寻装配序列方案，避免组合爆炸情况的发生，主要人工智能算法包括粒子群优化算法[23-24]、布谷鸟搜索算法[25]、遗传算法[26-27]、和声搜索算法[28-29]、人工蜂群算法[30]、蚁群优化算法[31-32]、人工神经网络算法[33]、模拟退火算法[34]等。在研究装配序列方案评价与选优问题时，一些学者还把人工智能算法进行组合，以达到最佳的求解效果，如人工蜂群算法和遗传算法的组合[35]、布谷鸟搜索算法和遗传算法的组合[36]、蚁群优化算法和遗传算法的组合[37]等。除了以上面向装配序列方案评价与选优的4类方法以外，还有一些其他的方法：面向对象原型的拆卸约束生成方法[38]；基于互联网的装配序列规划方法[39]；兼顾几何约束和工具约束的集成装配序列规划方法[40]；集成装配和拆卸序列规划的方法[41]；有向无循环图和遗传算法结合的装配序列规划方法[42]；基于拆卸干涉矩阵的装配序列规划方法[43]等。

综上所述，制造业领域常规装配体的装配序列研究比较成熟和完善，但是这些研究主要集中在装配序列的规划与优化方面，与装配序列方案后续控制相关的研究相对缺乏。

芬兰著名学者劳里·科斯凯拉（Lauri Koskela）在1992年就提出了"应将制造业中的一些成熟原则应用于建筑业"这一观点[44]。因此，制造业领域中的装配序列研究对装配式混凝土结构建筑的吊装序列方案研究具有一定的参考意义和指导价值。但是，装配式混凝土结构建筑有自身的特殊性，如建筑体量巨大、预制标准层数量较多、构件体积和质量较大、构件间几何约束关系较弱等，在借鉴以上相关研究成果时，需要把装配式混凝土结构建筑与制造业领域常规装配体进行对比，找出差异的特点，对借鉴的理论方法进行适当改进，以适用装配式混凝土结构建筑吊装序列方案规划与控制的研究。

1.3.2　装配式建筑吊装序列方案规划研究现状

装配式建筑是工业化建筑体系中的一员，而工业化建筑又称为装配式建筑[45]。最早的装配式建筑案例记录于1624年[46]，但是装配式建筑在第二次世界大战后才得到了迅速发展[47]。根据主要的建筑材料，装配式建筑可划分为3类：木结构、钢结构和混凝土结构[48-49]。学者们在进行关于装配式建筑相关研究时也纷纷给出了装配式建筑的定义，我们从中可以总结出装配式建筑定义的共性[50-52]：提前预制组成建筑的基本构件，然后将其运输到施工现场并在起重设备的辅助下进行装配。随着装配式建筑的发展,装配式建筑固有的优势开始逐渐凸显,如建造速度快[53]、节省施工现场劳动力[54]、提高建造质量[55]、减少对生态环境的影响[56]、提高职业健康和安全[57]等。通过项目调研、项目专家交流以及查阅国内外相关文献可知,装配式建筑发展比较成熟的国家和地区有美国、瑞典、日本、新加坡以及我国香港地区等[58]。蒋锐(Y. Jiang)等[59]通过SWOT分析方法总结了中国发展装配式建筑的外部机会:自上而下的政策支持、生产效率和可持续化驱动的新型城市化、减少人力依赖的需求。随着我国生态环保意识越来越强、施工工人数量不断减少、工人年龄逐渐偏大以及工艺技术水平的提高,现浇混凝土结构建筑的弊端逐渐显现,以装配式建筑为代表的工业化建筑成为必然的发展趋势。

在非装配式建筑领域,吊装是指物料的吊运过程并不涉及安装环节,多数相关研究主要集中在起重机的布局规划[60-62]、吊装路径规划[63-65]等方面。但是,也有部分学者研究了采用顺序依赖矩阵方法解决多塔吊协作下物料的吊装顺序问题[66]。在装配式建筑领域,吊装不仅是指预制构件的吊运过程,还包括预制构件的识别环节、安装环节[67];同时,装配式建筑的起重机布局规划与吊装路径规划理论方法依然获得持续研究,如三维可视化技术[68-69]。与非装配式建筑相比,装配式建筑对吊装顺序的要求更加严格。在施工前,一般要制订吊装顺序方案,因此,装配式建筑的吊装序列方案规划问题逐渐引起施工方和学者们的重视。王俊等[70]认为,装配式混凝土结构建筑施工吊装过程需要合理规划;奥沙瓦(Yoo)等[71]在研究基于机器人的施工自动化系统时认为,吊装序列方案规划是实现钢结构建筑自动化吊装的前提条件。此外,国家和一些地方的技术标准规范也提到了与装配式建筑吊装序列方案规划相关的问题,如《装配式混凝土建筑技术标准》(GB/T 51231—2016)明确规定:预制构件应按照规划的吊装顺序进行编号,并严格按照编号顺序进行起吊。此标准还给出了预制柱、预制墙板、预制楼板、预制楼梯、预制阳台板和预制空调板等的一般安装规定。目前,装配式建筑领域的吊装序列方案规划问题研究具有一定的创新性和现实意义。国内外学者对与装配式建筑吊装序列方案规划有关的理论、方法(技术)进行了一定研究,这些理论方法可归结为以下几类:经验知识法、可视化模拟技术、几何推理法、智能优化算法、评价指标规划法等。

(1)经验知识法

经验知识法根据人的经验知识进行吊装序列方案规划,方案质量依赖于方案制订者的实践经历和素质。赵学鑫等[72]从实践的视角研究了中国尊大厦的核心筒钢板剪力墙安装顺序。张胜利等[73]给出了装配整体式剪力墙结构建筑中构件类别间的吊装顺序。蒋红妍等[74]给出了装配整体式剪力墙结构建筑预制标准层中构件类别间的吊装顺序。

（2）可视化模拟技术

可视化模拟技术是指方案制订者在已有经验知识的基础上再借助一些可视化建模和模拟软件辅助其进行吊装序列方案规划，方案的质量较单纯的经验知识法有所提高；建筑业中的可视化模拟技术以建筑信息模型（BIM）技术为代表，其在吊装序列方案规划领域中的应用主要体现在参数化设计和可视化模拟两个方面。安装工人的工作空间影响装配式建筑吊装序列方案的制订，王乾坤（Q. K. Wang）等[75]使用建筑信息模型技术对预制构件安装时工人们的工作空间进行分析研究。莫森（Mohsen）等[76]使用 Simphony. NET 软件进行吊装序列方案的设计、分析与模拟。约翰斯顿（Johnston）等[77]对来自 BIM 虚拟原型的象形指令进行评估以支持施工安装工序规划。董骁等[78]提出了基于 BIM 技术的吊装施工动画仿真模拟平台。曼里克（Manrique）等[79]给出了影响吊装顺序的空间约束和支撑需求两个因素，并利用三维 CAD 和动画进行吊装顺序规划。

（3）几何推理法

几何推理法是指根据装配式建筑构件间的几何约束关系以及制定的一些规则进行吊装序列方案的推理，此方法适用的条件较为苛刻，要求装配式建筑构件间存在较为严格的几何约束关系。胡文发（W. F. Hu）[80]提出了基于几何推理的吊装序列方案规划方法。为了克服人工方式规划施工流程的低效问题，胡文发[81]提出了基于几何推理的吊装序列方案规划方法，此方法采用无向图表达建筑构件间的连接关系，从建筑构件拆卸顺序的视角反推建筑构件的安装顺序。舍丘克（Shewchuk）等[82]提出了一种面向墙板堆放、墙板排序、墙板定位的精益方法进行板式民用建筑吊装序列方案规划，此方法的目的是最小化堆栈的数量、墙板移动的距离、墙板定位和支撑的工作量，但是在墙板排序过程中未考虑墙板之间的干涉而且要求墙板间必须存在几何连接关系。郭城（C. Guo）[83]使用区域方法研究了板式民用建筑的面板堆放、面板排序和堆放定位问题，其同样要求墙板间必须存在几何连接关系。

（4）智能优化算法

智能优化算法，包括神经网络算法、遗传算法、蚁群算法等，在考虑装配式建筑构件之间硬性约束条件和柔性约束条件的基础上随机生成若干吊装序列方案，并筛选出其中最优的吊装序列方案；智能优化算法具有逐步寻优的特性，灵活且适应性比较强,从理论上能够获取最优的吊装序列方案;与智能优化算法相比,经验知识法、可视化模拟技术、几何推理法等从理论上只能获得满意的吊装序列方案。赵中伟(Z. W. Zhao)等[84]通过实数编码的遗传算法解决了大跨度钢结构临时支撑系统的拆卸序列问题。付兵等[85]在钢筋混凝土长柱吊装最优方案研究中利用惩罚理念处理约束条件,采用遗传算法和网格法对绳索的吊点位置进行最优化求解。

(5)评价指标规划法

评价指标规划法是指通过建立一个评价指标体系并以此为依据进行吊装序列方案的制订,这些评价指标可以是硬性约束也可以是柔性约束。范重等[86]从构件内力与变形、用钢量等评价指标上进行钢结构建筑安装顺序方案对比与决策。王峻等[87]通过结构体系和施工难度两个评价指标规划泰州大桥悬索主桥钢箱梁的吊装施工顺序。包雯蕾等[88]采用主桁架的位移和应力两个评价指标从三个备选安装顺序方案中选取最优的一个方案。考虑到受力结构的稳定性,高占远(Z. Y. Gao)等[89]研究了逐点安装和整体张紧吊装的方法,并提供了具体的安装步骤。周康(K. Zhou)等[90]提出了一个适用于高层建筑支腿优化安装的决策框架,在有限元方法模型的基础上,安装顺序考虑到了施工安全性、结构刚度和整体稳定性等评价指标。

除了以上主要的吊装序列方案规划方法以外,还有一些其他的相关方法,如卡巴斯基(Kasperzyk)等[91]创建了一个有效的堆栈-安装排序算法以计算最优安装序列;曾惠斌(Tserng)等[92]提供了一个用于机械、电气和管道系统中构件安装序列规划的方法。所有这些方法规划出的吊装序列方案可分为三类:可行吊装序列方案、满意吊装序列方案和最优吊装序列方案。

1.3.3 装配式建筑吊装序列方案控制研究现状

装配式建筑吊装序列方案规划为装配式建筑制订了一个科学、合理的吊装序列方案,当装配式建筑吊装序列方案制订后,则需要对其进行有效的控制以确保其顺利实施。装配式建筑建造过程中,一些影响因素可能会迫使既定的吊装序列方案变更。尽管面向装配式建筑的吊装序列方案变更影响因素相关研究十分缺乏,但是类似的理论方法却非常多。目前,在装配式建筑领域研究中应用的主要影响因素分析方法包括:TOPSIS法[93]、解释结构模型法[94]、模糊多准则决策方法[95]、社会网络分析法[96]、交叉影响矩阵相乘法[97]、决策试验与评价实验室法[98]、层次分析法[99]等。这些影响因素分析方法中,有些适用于影响因素间的作用关系分析,有些适用于影响因素间的层次结构关系分析,有些适用于影响因素的分类分析,有些适用于影响因素的重要度分析,而有些则可以对影响因素进行多方面分析。面向装配式建筑的吊装序列方案变更影响因素研究可以参考与借鉴这些经典方法,从而对装配式建筑建造过程中导致吊装序列方案变更的影响因素进行合理的分析并提出对应的策略。

装配式建筑吊装序列方案控制不仅包括前期的影响因素识别与分析,还包括后期的具体控制和调整。吊装序列方案的管控以预制构件装配阶段为核心同时涉及预制构件生产、运输等阶段。通过查阅一些主流的文献数据库发现,与装配式建筑吊装序列方案控制相关的研究十分缺乏,仅个别学者的研究中涉及此方面,所使用的相关理论、方法或技术主要集中于建筑信息模型(BIM)技术和无线射频识别(RFID)技术。例如,李政道(C. Z. Li)等[100]设计了基于物联网的平台,采用无线射频识别技术动态收集现场装配式混凝土结构建筑施工流程数据,采用建筑信息模型技术和虚拟现实技术进行可视化监控。巴塔格林(Bataglin)等[101]研究了建筑信息模型技术在装配式预制构件物流管理中的应用。德马托斯·纳西门托(de Mattos Nascimento)等[102]提出了 BIM 与精益思想的集成模型,此模型着重于装配式施工计划与控制的可视化管理。由于直接涉及装配式建筑吊装序列方案控制的研究并不多,为了课题研究的可行性,可以借鉴装配式建筑领域内其他方面的控制研究。例如,陶星宇(X. T. Tao)等[103]提出了一个面向预制构件制造的温室气体排放监测系统,系统中采用无线射频识别技术实时收集预制构件的数据信息。

装配式混凝土结构建筑属于装配式建筑这一范畴,装配式建筑这一范畴下各种类型建筑具有一定的相似特质,因此相关研究可以相互参考和借鉴。通过对国内一些预制构件生产企业和现场施工企业的调研及专家咨询可知,随着装配式混凝土结构建筑的预制率越来越高,企业越来越关注装配式混凝土结构建筑的吊装序列方案规划与控制问题,并指定相关人员负责。因此,装配式混凝土结构建筑吊装序列方案规划与控制问题受到的关注度正逐渐增加。

1.3.4 文献评述

通过对装配序列规划与控制相关理论方法研究现状、装配式建筑吊装序列方案规划研究现状、装配式建筑吊装序列方案控制研究现状等国内外相关文献的梳理,总结出国内外学者在这些方面中的研究成果、不足之处以及研究趋势,主要体现在以下几个方面:

（1）与装配序列规划相关的理论方法不断发展但是各有优缺点,因此彼此之间需要优势互补;与装配序列控制相关的理论方法研究不足,相关知识体系不完善,因此有必要对此进行专门研究。在装配序列方案评价与选优问题的四类相关理论方法中,基于图论的搜索法能够得到可行方案,但是随着装配体复杂程度和组成构件数量的增加,搜索效率将逐渐下降;案例推理方法和虚拟现实技术虽然从理论上只能得到满意方案,但是能够适应组成构件较多的复杂装配体的装配序列规划;人工智能算法虽然从理论上能够得到最优方案,但是随着构件规划数量的增多,其求解效率会逐渐下降,甚至错失最优方案。对于常规装配体,装配序列规划理论方法体系已相对完善,但是装配序列控制理论方法体系依然未建立,装配序列方案变更影响因素分析及具体的控制原理将是未来的研究方向。通过对比装配式混凝土结构建筑与常规装配体的异同,对常规装配体领域中的装配序列规划与控制方法进行合理改进与结合,从而使其服务于装配式混凝土结构建筑的吊装序列方案规划与控制研究。

（2）面向装配式混凝土结构建筑的吊装序列方案规划研究相对缺乏,有必要借鉴一些现有的相关理论方法并加以改进,甚至在此基础上建立一些新的理论方法模型。现有的装配式建筑吊装序列方案规划与优化研究主要分布在钢结构领域,钢结构建筑的吊装序列方案规划与优化研究可以有效地借鉴制造业中常规装配体的相关理论方法,如遗传算法等。但是,装配式混凝土结构建筑与制造业中常规装配体在设计上有一定差异,尤其是预制构件间的几何约束关系不强,导致相关理论方法不可以直接照搬。现有装配式混凝土结构建筑吊装序列方案规划研究主要停留在学者们的认知、工程实践经验和可视化工具等方面,而进一步的详细研究及相关理论方法相对缺乏。因此,面向装配式混凝土结构建筑的吊装序列方案规划与优化理论方法研究将是未来的研究方向。

（3）面向装配式混凝土结构建筑的吊装序列方案控制研究十分缺乏,有必要借鉴一些现有的控制理论方法进行专门研究。现有吊装序列方案控制研究较少,而且主要侧重于采用一些流行技术或建立一些技术平台管控装配式建筑的建造过程,例如建筑信息模型技术和无线射频识别技术。然而,吊装序列方案控制不只是具体的技术管理,还应包括前期的影响因素识别与分析以及突发情况下吊装序列方案的及时调整等。因此,装配式混凝土结构建筑吊装序列方案变更影响因素识别与分析以及具体的控制原理将是未来的研究方向。

（4）面向装配式混凝土结构建筑的吊装序列方案规划与控制系统研究不

足,有必要进行相关系统或系统原型的开发。在实践中,效益问题是一个非常重要的问题,面向装配式混凝土结构建筑的吊装序列方案规划与控制工作最终需要借助一些先进技术而非单纯的人力完成。因此,随着装配式混凝土结构建筑的发展,相关系统的研发是未来的研究趋势。

1.4　研究内容与研究方法

1.4.1　研究内容

本书的研究对象为装配式混凝土结构建筑,研究问题为吊装序列方案规划与控制,支撑方法主要有层次树模型(HTM)技术、建筑信息模型技术、改进遗传算法(IGA)、影响因素分析法以及无线射频识别技术等。主要研究内容如下:

(1) 吊装序列方案规划与控制的理论方法分析

首先,对装配式混凝土结构建筑进行简介,对预制构件吊装概念及范围进行界定,并且给出吊装序列方案规划、控制的概念;然后,引入分析面向装配式混凝土结构建筑的吊装序列方案规划与控制方法,即层次树模型技术、建筑信息模型技术、改进遗传算法、影响因素分析法、无线射频识别技术;最后,通过一个吊装序列方案规划与控制各方法协同运作流程图描绘实际工程中这些理论方法之间的逻辑关系以及各自所要实现的功能。

(2) 基于 BIM-IGA 的吊装序列方案规划与优化研究

首先,建立装配式混凝土结构建筑预制楼层或施工区的吊装序列方案信息树状图;然后,在此基础上提出基于 BIM-IGA 的吊装序列方案规划与优化模型架构。基于 BIM-IGA 的吊装序列方案规划与优化模型主要包括吊装序列方案评价指标体系的构建、各评价指标的量化、吊装序列方案评价目标函数的建立、吊装序列方案的最优化求解与可视化检测等部分,评价指标体系的建立需要考虑到指标的重要性、相关性、数据可得性等,目标函数模型的建立需要考虑到各个指标的权重;针对改进遗传算法在一些特殊情况下的求解效率问题,本书又引入案例推理方法,从而进一步完善基于 BIM-IGA 的吊装序列方案规划与优化模型。

(3) 吊装序列方案变更影响因素识别与分析研究

对面向装配式混凝土结构建筑的吊装序列方案变更问题进行分析和界定,

并在此基础上提出吊装序列方案变更影响因素识别与分析模型架构。吊装序列方案变更影响因素识别与分析模型包括设计基于文献-调研-咨询的影响因素识别方式,识别吊装序列方案变更影响因素体系以及影响因素间的相互关系,通过解释结构模型(ISM)、交叉影响矩阵相乘(MICMAC)法、决策试验与评价实验室(DEMATEL)法对吊装序列方案变更影响因素体系进行全方位地分析并给出相应的策略和建议;最后,提出把吊装序列方案变更影响因素分析结果以及影响因素发生概率、条件概率集成到解释结构模型上的方法。

(4) 基于 BIM-RFID 的吊装序列方案动态控制研究

吊装序列方案的控制不仅考虑到事前影响因素的控制行为,而且还考虑到事后方案的动态调整,是一个动态的系统化的管控过程。因此,本书首先对面向装配式混凝土结构建筑的吊装序列方案动态控制问题进行分析和界定,然后设计了基于 BIM-RFID 的吊装序列方案动态控制模型架构。基于 BIM-RFID 的吊装序列方案动态控制模型主要包括吊装序列方案变更影响因素动态控制机制分析、吊装序列方案可视化动态调整模型构建等部分,此模型采用无线射频识别技术实现对吊装序列方案变更影响因素的数据收集,采用建筑信息模型技术实现现场吊装的可视化监控,采用改进遗传算法实现对吊装序列方案的调整;最后,提出和阐述了一个面向装配式混凝土结构建筑的吊装序列控制系统原型。

(5) 装配式混凝土结构建筑工程案例分析

选取我国某装配式混凝土结构建筑项目进行案例分析,首先描述工程项目案例的概况,然后就前文所建立的装配式混凝土结构建筑吊装序列方案规划与控制方法模型进行实例化模拟并进一步测试这些理论方法模型,使其更加完善,以有效地指导后续实践。

1.4.2　研究方法

研究方法是指所需知识信息的获取方式以及支撑研究的一些核心理论方法。本书研究的一般性逻辑思路是发现与提出问题、分析问题、解决问题、应用研究。在一般性逻辑思路的总框架下,考虑到所研究内容的特点,因此在研究过程中十分注重定量分析与定性分析、理论分析与案例分析相结合的原则。本书所采用的主要研究方法以及对应的详细解释如下:

(1) 文献-调研-专家相结合的方法

文献研究法和实地调研法是发现与提出所要研究问题的主要途径,是获取所需知识信息的经典方式,被广大学者普遍采用。通过文献阅读和项目调研等方式发现装配式混凝土结构建筑项目预制构件的吊装顺序问题,然后进一步查阅相关文献以及咨询相关专家从中梳理出此方面研究的现状以及不足之处,从而提出了研究课题"装配式混凝土结构建筑吊装序列方案规划与控制研究";通过文献查阅、项目调研和专家咨询还获取了分析和解决此研究问题所需的一些支撑性基本理论方法、工程项目经验知识以及项目上的相关数据。

（2）综合运用多种支撑性理论方法

主要支撑性理论方法包括层次树模型技术、建筑信息模型技术、改进遗传算法、影响因素分析法、无线射频识别技术,这些理论方法有着各自的功能和优势,如层次树模型技术的要素构成及要素间逻辑关系表达、建筑信息模型技术的参数化建模和可视化模拟、改进遗传算法的最优化求解、影响因素分析法的全方位分析、无线射频识别技术的实时跟踪等。将这些基本理论方法彼此结合形成新的理论方法模型,从而更好地解决装配式混凝土结构建筑吊装序列方案规划与控制问题,如基于 BIM-IGA 的吊装序列方案规划与优化模型、吊装序列方案变更影响因素识别与分析模型、基于 BIM-RFID 的吊装序列方案动态控制模型。这些新的理论方法模型中又包含一些子模型,其相关数据依然通过查阅文献、实地调研、专家咨询、参与课题等方式获取。

（3）定量分析与定性分析相结合的方法

装配式混凝土结构建筑吊装序列方案规划与控制研究中一些必要数据难以通过测量或统计的方式获取,如吊装序列方案评价指标权重的确定、吊装序列方案变更影响因素间直接影响关系的判断、吊装序列方案变更影响因素重要度的判断等。考虑到这些问题解决的可行性,本研究采用定量分析方法与定性分析方法相结合的方式。

（4）理论分析与案例分析相结合的方法

按照理论与应用相结合的原则,调研相关装配式施工企业以及上游的预制构件生产厂,获得典型的装配式混凝土结构建筑工程项目案例及其相关数据,模拟本书的研究成果并检验其可行性和有效性,同时对这些成果进行合理地修正使其不断完善。

技术路线图可以直观地表示所研究内容的步骤以及支撑理论方法间的逻辑关系。本研究的技术路线如图 1-2 所示。

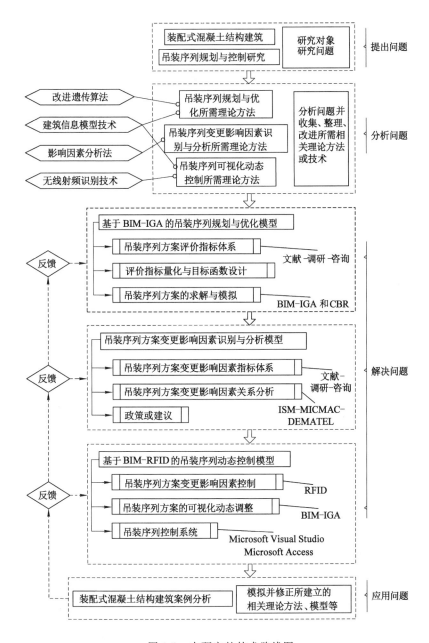

图 1-2 本研究的技术路线图

2

吊装序列方案规划与控制理论及方法分析

作为装配式混凝土结构建筑项目施工内容的一部分,吊装序列方案的制订以及后续的控制问题最终会影响到整个项目的进度、成本、质量等,这一问题正逐渐受到施工企业的重视。然而,现有的项目实践和相关研究表明,面向装配式混凝土结构建筑的吊装序列规划与控制理论方法相对缺乏,有必要在明确装配式混凝土结构建筑及其吊装序列规划与控制问题的基础上,探索装配式混凝土结构建筑吊装序列规划与控制研究所需的支撑性理论方法,并厘清这些理论方法在解决吊装序列规划与控制问题过程中的协作关系。

2.1 装配式混凝土结构建筑的内涵与特点

2.1.1 装配式混凝土结构建筑的内涵

装配式混凝土结构建筑(prefabricated concrete structure building,PCSB)是一种以预制混凝土构件为主要受力构件,在施工现场装配连接而成的装配式建筑[104]。装配式混凝土结构建筑中常见的预制混凝土构件有预制柱、预制梁、预制楼板、预制墙板、预制楼梯、预制阳台板等,这些基本构件的预制形式可以分为全预制和叠合式。装配式混凝土结构建筑存在多种类型,国家定额《装配式建筑工程消耗量定额》(TY01-01(01)—2016)把装配式混凝土结构建筑划分为两类:装配整体式混凝土结构和全装配混凝土结构。国家标准《装配式混凝土建筑技术标准》(GB/T 51231—2016)中提到 3 类装配式混凝土结构建筑:装配整体式框架结构、装配整体式剪力墙结构和多层装配式墙板结构。目前,国内非居住装配式混凝土结构建筑多以框架结构为主,即竖向受力构件主要由预制柱构成;居住装配式混凝土结构建筑多以剪力墙结构为主,即竖向受力构件主要由预制剪力墙而非预制柱构成。

与木结构、钢结构这两类装配式建筑相比,装配式混凝土结构建筑虽然也由基本预制构件组成,但是存在预制率和装配率问题[105-106],即一些基本预制构件或者基本预制构件间的连接部位需要现场浇筑。随着相关技术和工艺的不断改进,装配式混凝土结构建筑预制率和装配率将会逐渐提高,国家标准《装配式建筑评价标准》(GB/T 51129—2017)规定,装配率不低于50%的装配式混凝土结构建筑才有资格进行装配式建筑等级评价。在这一趋势下,装配式混凝土结构建筑的预制率和装配率问题将逐渐得到解决,其建造方式将实现真正意义上的装配。如图 2-1 所示,这是一幢预制率和装配率较高的装配式剪力墙结构建筑,其竖向受力构件主要由预制混凝土剪力墙构成,构件间连接部位需要现浇。该装配式剪力墙结构建筑的预制标准层划分为两个施工区域,每个施工区域对应一辆塔式起重机(塔吊),采用流水施工方式。

图 2-1　装配式剪力墙结构建筑

2.1.2　装配式混凝土结构建筑的特点

目前,装配式建筑的主要特点可总结为标准化设计[107]、工厂化生产[108]、装配式施工[109]等。由于装配式混凝土结构建筑隶属于装配式建筑的范畴,因此这些特点也符合装配式混凝土结构建筑。尤其是装配式施工这一特点,使得装配式混凝土结构建筑明显区别于以往的现浇混凝土结构建筑,更加注重预制构件的安装顺序。装配式施工是指采取工业化方式依据既定施工方案进行装配式建筑的现场生产。对装配式混凝土结构建筑而言,装配式施工方式分为干作业法和湿作业法。干作业法施工时,预制层的基本构件及其连接不需要现浇;湿作业法施工时,预制层的基本构件及其连接需要现浇。由于干作业法施工方式需要较高的技术水平和工艺水平,所以在项目实践中湿作业法施工方式比较常见。

表 2-1 从建造的视角多方面对比了主体结构相同的装配式混凝土结构建筑与现浇混凝土结构建筑。这些方面又可以划分为两类：一类是基本特点对比；另一类是优势特点对比。基本特点包括构成元素、施工方式、生命周期、施工工艺、机械化程度等方面，优势特点包括施工速度、施工质量、施工灰尘、施工噪声、施工浪费等方面。与现浇混凝土结构建筑相比，装配式混凝土结构建筑在现场施工方面具有一定的优势，具体体现在施工速度快[110]、施工质量易于管控和施工现场浪费少[111]、施工灰尘少、施工噪声小等，这些现场施工优势确保了装配式混凝土结构建筑具有良好的发展前景。

表 2-1　装配式混凝土结构建筑与现浇混凝土结构建筑的对比

比较项	装配式混凝土结构建筑	现浇混凝土结构建筑
构成元素	预制构件	混凝土、钢筋等材料
施工方式	装配式施工	现浇式施工
生命周期	增加了预制构件工厂化生产环节	无预制构件工厂化生产环节
施工工艺	比较规范	规范化程度不高
机械化程度	比较高	比较低
施工速度	较快	较慢
施工质量	易于管控	不易于管控
施工灰尘	较少	较多
施工噪声	较小	较大
施工浪费	较少	较多

2.2　吊装序列规划与控制的内涵

2.2.1　构件吊装的工艺流程

"吊装"一词是指采用吊装设备把物体吊运到指定位置。这一过程一般不涉及复杂的物体识别环节，且吊装设备辅助物体的安装环节也往往被忽视。装配式混凝土结构建筑是由大量的预制构件组成的，这些预制构件的体积和质量都比较大，导致运动惯性比较大，需要在起重机和工人们的协作下进行吊装。预制构件吊装是指采用起重机把识别后的预制构件吊运到安装区域，然后安装人员在起重机的辅助下对预制构件进行就位安装[54]。尽管装配式混凝土结构建筑中不同类型预制构件的吊装工艺有所差异,但仍然可以总结出一般性的吊装工艺流程:

首先,从众多预制构件中识别出目标预制构件,即应该吊装的预制构件;

其次,在目标预制构件起吊前进一步检查吊点以及所使用的吊具、索具等;

再次,通过起重设备把目标预制构件吊运到指定位置;

然后,安装工人进行目标预制构件的安装、校正等操作;

最后,起重机的吊具(或索具)与目标预制构件分离。

与现浇式施工中的吊装相比,装配式施工中的吊装特点主要体现在预制构件识别环节、预制构件吊装顺序、施工机械化程度、吊装规范化程度等方面,见表 2-2。

表 2-2　装配式施工中吊装所具有的特点

特点	进一步解释
增加了预制构件识别环节	目标预制构件需要从施工现场的众多预制构件中被正确识别,然后才能进行起吊
更加注重预制构件的吊装顺序	不合理的预制构件安装顺序可能导致其他预制构件难以安装甚至无法安装,增加安装工人不必要的工作量
提高了施工的机械化程度	预制构件的几乎所有施工活动都需要起重机等机械设备的辅助,减少了对人的依赖程度
吊装规范化程度比较高	预制构件吊装对塔吊操作人员、安装人员的操作要求以及不同工种间的协同要求更加严格,吊装规范化是一种必然趋势

由预制构件吊装的概念和工艺流程可知,预制构件的吊装可大致分为预制构件识别、预制构件吊运、预制构件安装三个环节。图 2-2 为国内某一装配式剪力墙结构建筑项目预制外墙板的吊装过程。预制外墙板在工人和相关设备的协同配合下完成吊装,具有严格、规范的操作步骤,所以此项目预制外墙板的吊装已基本实现了机械化,但是距离自动化、智能化还有很大差距。预制构件吊装的机械化是指人和吊装设备协同完成预制构件识别、吊运、安装等环节的过程。预制构件吊装的自动化是指预制构件识别、吊运、安装等环节全部由吊装设备及辅助设备自动完成,全过程不需要人或仅需要较少人的直接参与。预制构件吊装的自动化可以把人从繁重的体力劳动、较差的施工环境中解放出来,

极大地提高施工效率。为了实现装配式混凝土结构建筑预制构件的吊装由机械化到自动化、智能化的过渡,预制构件吊装工艺流程的标准化、规范化、流水化操作既是首要条件,也是必要条件。

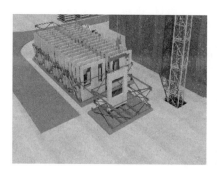

图 2-2 装配式剪力墙结构建筑预制外墙板的吊装过程

2.2.2 吊装序列规划的内涵

在项目管理中,"规划"一词是指从全局的视角通过综合考虑多种因素,从而为某一事物设计一套科学合理的方案。因此,事物的规划需要具有全局性、系统性、长期性等特点[112]。装配式混凝土结构建筑本质也是一种由许多预制构件组成的装配体,其吊装流程有必要进行科学合理的规划设计。装配式混凝土结构建筑吊装序列规划是对组成装配式混凝土结构建筑的预制构件的吊装顺序进行规划设计,从众多可行的吊装序列方案中选择最优的吊装序列方案,属于满足受力稳定性、施工安全、几何关系、吊装索具、人因工程等一系列硬性和柔性约束条件的优化问题。从装配式混凝土结构建筑吊装序列规划的概念可知,吊装序列规划的目标就是制订一个最优且合理的吊装序列方案。吊装序列规划的约束条件需要依据具体的装配式混凝土结构建筑项目确立,约束条件的改变将会直接影响到吊装序列规划与优化的结果。吊装序列规划的约束条件一般分为硬性约束条件和柔性约束条件。硬性约束条件是柔性约束条件的前提和基础,硬性约束条件决定了可行的吊装序列方案,然后再依据柔性约束条件从可行吊装序列方案中确定最优的吊装序列方案。

国家标准《装配式混凝土建筑技术标准》(GB/T 51231—2016)列出了一些与装配式混凝土结构建筑预制构件吊装顺序有关的内容,这些内容可以作为预制构件吊装的指导性原则。通过对这些内容进行分析、梳理和总结,最终结果见表2-3。这些原则源于众多项目实践,具有一定的实用性。当装配式混凝土结构建筑的规模较小、结构简单、预制构件规划数量较少时,工艺工程师根据这些吊装逻辑原则并结合自己的经验知识能够较容易地制订出一个明确合理的吊装序列方案;当装配式混凝土结构建筑的规模较大、结构复杂、组成构件种类和数量较多时,由于综合考虑的信息量过多,加之人脑的局限性,仅依靠此吊装逻辑原则和单纯的人力难以系统地对吊装序列进行规划,需要一些额外的辅助方法或工具才能科学地、系统地进行吊装序列方案的制订。

表 2-3　装配式混凝土结构建筑预制构件吊装原则

编号	预制构件吊装原则
1	与现浇部分连接的预制构件优先吊装
2	预制柱一般按照角柱、边柱、中柱顺序进行吊装
3	预制剪力墙板一般按照先外墙后内墙的原则进行吊装
4	预制梁或叠合梁一般遵循先主梁后次梁、先低后高的原则进行吊装

2.2.3　吊装序列控制的内涵

规划与控制是密不可分的整体,规划是控制的前提,控制确保规划能够顺利实施。装配式混凝土结构建筑吊装序列规划完毕后,吊装序列控制将紧随其后,从而确保既定吊装序列方案的顺利实施,实现吊装序列规划效益的最大化。国家标准《装配式混凝土建筑技术标准》(GB/T 51231—2016)规定,预制构件应按照吊装顺序预先编号,吊装时严格按照编号顺序起吊。这说明装配式混凝土结构建筑的吊装序列方案制订后还需要进行严格的后续控制,从而尽可能地避免既定吊装序列方案的变更。

在项目管理中,"控制"一词是指通过采取一些措施使事先制订的方案顺利实施,由于方案在实施过程中可能受到诸多因素干扰,因此需要及时收集相关信息并进行分析从而使方案的变动处在一定范围内[112]。根据控制的反应时间,控制可分为事前控制、事中控制、事后控制;根据控制的状态,控制可分为静态控制、动态控制;根据控制的信息来源,控制可分为反馈控制、前馈控制。装配式混凝土结构建筑吊装序列控制是指为了确保吊装序列方案顺利实施所采取的一系列操作。吊装序列控制包括两方面内容:一方面,导致吊装序列方案变更的影响因素的控制,属于事前控制或事中控制;另一方面,吊装序列方案的动态调整,属于事后控制。影响因素的控制是指采用一些理论方法或技术对导致装配式混凝土结构建筑吊装序列方案变更的影响因素进行识别、分析和控制,以确保预制构件按照既定的吊装序列方案进行吊装;吊装序列方案的动态调整是指当施工条件不满足时不得不采用一些理论方法或技术对原有吊装序列方案进行及时调整。导致装配式混凝土结构建筑吊装序列方案变更的影响因素众多,如何有效地识别这些影响因素并尽早设防是减少吊装序列方案变更的有效途径;如果吊装序列方案需要变更,相关人员应该对后续预制构件的吊装顺序进行科学调整,制订出一个新方案以继续预制构件的吊装。

2.3 吊装序列规划与控制相关理论方法

2.3.1 层次树模型技术

层次树模型(hierarchical tree model,HTM),又称为层次模型或结构树模型,能够清晰地表达装配体层次信息、装配体的组成要素信息以及各种装配操作[113]。装配体的层次树模型为装配序列方案的生成提供了必要信息。与制造业中的常规装配体相比,装配式混凝土结构建筑的最小元素也是基本预制构件,即预制柱、预制梁、预制楼板、预制墙板、预制楼梯、预制阳台板等;同时,装配式混凝土结构建筑往往拥有很多预制层,每一预制层根据实际情况可能划分多个施工区。鉴于装配式混凝土结构建筑的这些特点,可以采用层次树模型来表达装配式混凝土结构建筑及其要素构成信息。

装配式混凝土结构建筑的结构树模型如图 2-3 所示。当具体到某一种装配式混凝土结构建筑时,图 2-3 中的基本构件层就会有所差异,如装配式剪力墙结构一般没有预制柱。装配式混凝土结构建筑是一个十分复杂的系统,组成要素种类和数量非常庞大,如果对装配式混凝土结构建筑的吊装序列方案进行直接求解,那么求解过程将变得十分困难。因此,可以采用层次树模型技术把复杂的装配式混凝土结构建筑划分至比较简单的单元层次（命名为求解层），这一层次的预制构件属于同类别构件；吊装序列的求解过程从求解层开始，然后依次向最高层进行，最终可获得整个装配式混凝土结构建筑的吊装序列方案。层次树模型技术简化了装配式混凝土结构建筑吊装序列的规划。

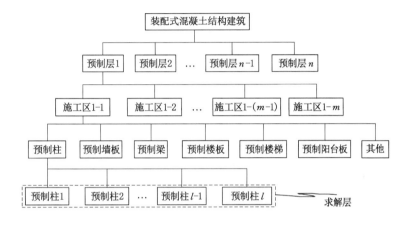

图 2-3　装配式混凝土结构建筑的结构树

2.3.2　建筑信息模型技术

建筑信息模型的英文为 BIM，其首次使用出现在 2003 年 J. Hoekstra 的一篇论文中[114-115]。目前，许多学者纷纷给出了自己对建筑信息模型技术的定义，从中可以总结出其具有的一般性定义：建筑信息模型（building information modeling，BIM）技术是以建筑工程项目实体的相关信息数据作为建模的基础，作为一种信息数据平台为建筑工程项目全生命周期的各项决策提供支持[116-118]。由建筑信息模型技术的概念可知，建筑信息模型技术不仅是一类软件的总称，更是一种理论思想，不可以简单地看作一种工具。建筑信息模型技术在装配式混凝土结构建筑领域受到重视的主要原因如下：

（1）参数化设计[119]

BIM 中的元素不是以点、线的形式存在的，而是以构件实体的形式存在的，这符合装配式混凝土结构建筑的构造特点，适合装配式混凝土结构建筑的设计。图 2-4 展示了一款 BIM 软件自带的元素实体预制柱族，在绘制装配式混凝土结构建筑的 BIM 模型时，预制柱构件可以直接使用而不必从点、线元素重新画起。

（2）可视化模拟[120]

BIM 技术绘制的模型能够以多维的形式（如三维、四维、五维等）存在，可以

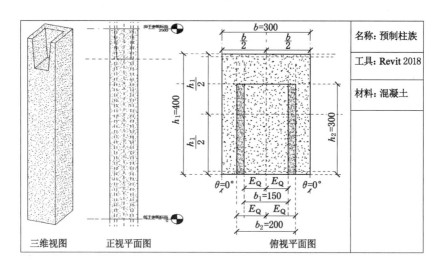

b—宽度；θ—倒角；b_1—座椅底部宽度；b_2—座椅顶部宽度；

h_1—模型槽深长度；h_2—座椅长度。

图 2-4　Autodesk Revit 自带的预制柱族（单位：mm）

直观地模拟装配式混凝土结构建筑的立体形态以及具体的施工过程。

（3）关联项目数据

BIM 技术能够把装配式混凝土结构建筑项目中的相关数据与 BIM 中的实体元素对应关联，便于相关信息的查找。

BIM 技术在现实生活中多以各种应用软件的形式呈现并实现其理论思想价值。BIM 集成了建筑工程项目的各项相关信息数据，可以一模多用，即一个 BIM 可以被建筑工程项目的不同阶段、不同参与方使用。因此，BIM 技术作为一个可视化信息平台可以协同建筑设计公司、预制构件生产厂、施工企业等各部门的相关专家共同解决装配式建筑中的一些问题，如装配式混凝土结构建筑的吊装序列规划与控制问题。装配式混凝土结构建筑是由许多预制构件组成而非现浇的，BIM 技术适应于装配式混凝土结构建筑的这一特点，BIM 技术绘制的模型包含丰富的建筑项目信息，能够辅助工艺工程师制订一些吊装序列方案以及可视化地模拟检测这些方案的合理性。如果施工现场数据能够实时地反馈到计算机终端，那么 BIM 技术也可以辅助相关人员在室内可视化地跟踪和监控吊装序列方案的实际执行情况。一个装配式混凝土结构建筑项目的 BIM 如图 2-5 所示。首先通过 BIM 建模软件绘制相应的 BIM，然后把绘制的 BIM 导入到 BIM 模拟软件中进行吊装序列方案的可视化模拟。

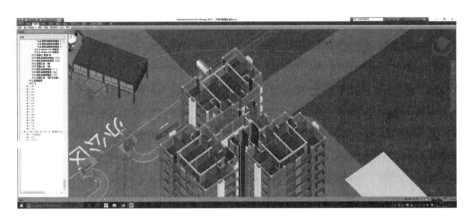

图 2-5　装配式混凝土结构建筑 BIM 模型

2.3.3　改进遗传算法

遗传算法(genetic algorithm,GA)是一种智能优化算法,最早由霍兰德(Holland)提出[121]。该算法借鉴了生物界中优胜劣汰的遗传机制[122],基本步骤包括:编码与解码,种群初始化,个体适应度计算,个体评价,选择、交叉、变异操作,终止条件判断[123-124]。其中,编码与解码实现了待求解问题与生物遗传问题的转换,通过编码将待求解问题的变量转化为生物的染色体,通过解码把求得的染色体转化为待求解问题的变量。在求解最优化问题方面,遗传算法具有以下优势:不受函数连续性和求导的限制,适应于排列组合爆炸问题,具有更好的全局寻优能力[125]。利用遗传算法解决问题时,往往根据问题的实际情况对遗传算法中的基本步骤做出适应性的改进,现有遗传算法的改进主要体现在编码方式、选择方式、交叉方式和变异方式四个方面。选取现有遗传算法的一些改进然后重新排列组合,本研究认为这也是对遗传算法的一种改进,由此生成的遗传算法命名为改进遗传算法(improved genetic algorithm,IGA)。如果染色体上的基因值对应于吊装序列上的预制构件编号,那么一条染色体只能对应于一条吊装序列。由于装配式混凝土结构建筑中预制构件编号具有唯一性,所以染色体的编码方式和遗传算子的操作方式(选择、交叉和变异)应遵循"染色体中的每个基因值唯一且不重复"的原则。在进行装配式混凝土结构建筑吊装序列方案的评价和选优时,经典遗传算法基本步骤的阐述与部分改进如下:

2.3.3.1　实数编码与种群初始化

(1)实数编码

一条染色体代表一个吊装序列方案,染色体上的基因对应吊装序列方案中的预制构件,基因值对应预制构件的编号。由于组成装配式混凝土结构建筑的每一预制构件都具有一个特定的编号,即每一预制构件都是唯一的,因此染色体上的基因具有唯一性。与二进制编码相比,实数编码更符合上述要求。对于一个预制构件数为 n 的装配式混凝土结构建筑(或某一楼层、施工区域),染色体上的基因值可以取 $1 \sim n$ 之间的正整数,染色体的详细结构如图 2-6 所示。染色体的结构由基因值及其对应的基因位置两部分组成,是一条 $1 \sim n$ 之间的连续且不重复的正整数字符串。

图 2-6　染色体的详细结构图

(2)种群初始化

种群初始化用于产生一定数量的满足预制构件间硬性约束条件的染色体,这些染色体对应可行的吊装序列方案。当一些预制构件间存在一些硬性约束条件时,这些预制构件间的吊装先后逻辑关系是内在固定的,初始化生成的所有染色体不能违背这些既定的逻辑关系。硬性约束条件确保种群初始化生成的所有染色体是可行的,如果所有预制构件间不存在硬性约束条件,只存在柔性约束条件,那么种群初始化产生的染色体可以由 $1 \sim n$ 之间的连续且不重复的正整数随机排列形成。

2.3.3.2　适应度计算与下一代产生

适应度函数具有非负的特点,它不一定是目标函数,但需要依据目标函数建立。由于个体适应度值越大代表个体适应环境的能力越强,因此所建立的适应度函数应具备随着自变量的增加而增加的特点。按照建立的适应度函数及其参数的取值,计算每个个体的适应度,然后按照适应度大小对每个个体进行从小到大或从大到小排序。依次通过选择、交叉、突变等操作产生下一代种群,选择、交叉、突变等操作的具体运作原理如下:

(1)选择操作

选择操作即从上一代种群中选择优秀个体保留到下一代,这样有利于种群中一些优秀染色体(即吊装序列方案)的保留。从初始代到最终代,每一代的种群规模是相同的。轮盘赌的选择法[126-127]常用于从种群中选择优秀个体:个体的适应度函数值越大,其被选中的概率越大。

(2)交叉操作

所谓交叉操作,是指两条染色体间的部分片段进行的交换。对于装配式混凝土结构建筑的吊装序列规划问题,交叉操作不是两条染色体随意交换染色体片段,而是应该遵守表 2-4 所列出的 3 个条件。

表 2-4　染色体交叉操作应遵守的条件

编号	条件
1	最大程度地继承优秀父代染色体的片段
2	交叉产生的子代染色体中的基因值不能重复
3	交叉产生的子代染色体基因序列必须仍然符合硬性约束条件

为了满足以上 3 个条件,我们提出了一个单点匹配交叉法。单点匹配交叉法的具体原理如图 2-7 所示。

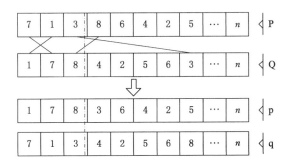

图 2-7　单点匹配交叉法的原理

单点匹配交叉法在很大程度上借鉴了部分匹配交叉法[128]。首先,随机产生一点作为父代染色体 P 和 Q 的交叉点,把起始点到交叉点间的染色体片段作为父代染色体 P 和 Q 的匹配区域,如父代染色体 P 的 7-1-3 与父代染色体 Q 的 1-7-8。然后,在父代染色体 P 上寻找与父代染色体 Q 的 1-7-8 相同的基因并记录基因位;同理,在父代染色体 Q 上寻找与父代染色体 P 的 7-1-3 相同的基因并记录基因位。最后,将父代染色体 P 和 Q 上非匹配区被记录的基因进行交换,再将父代染色体 P 的 7-1-3 与父代染色体 Q 的 1-7-8 进行交换。通过以上单点区配交叉法,最终得到子代染色体 p 和 q。单点匹配交叉法虽然使子代染色体尽可能地保留了来自父代染色体的优秀片段,但是也有可能在一定程度上破坏这些优秀片段(尽管这种程度比较小)。

(3) 突变操作

突变操作是指染色体上的某个或某些基因突变成其他基因。对于装配式混凝土结构建筑的吊装序列规划问题,由于染色体上的基因值不能重复,因此可以采取随机对调染色体中两个基因的方式实现突变操作,这种方法称为交换突变法[128]。交换突变法的具体原理如图2-8所示。父代染色体 P' 上的基因 8 和 4 交换位置产生子代染色体 p'。

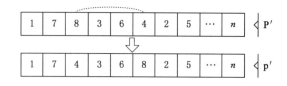

图 2-8　交换突变法的原理

2.3.3.3　终止条件设置与进一步完善

在经典遗传算法中,终止条件的选择有很多种,如适应度阈值、适应度变化率、迭代次数等。然而在实践中,适应度阈值一般不易确定。由于编码方式的不同,适应度变化率可能较大,最大迭代次数可依据具体情况具体设置,具有较高的灵活性,因此选择最大迭代次数作为改进遗传算法的终止条件。最大迭代次数容易受到编码方式、染色体长度、种群规模、交叉概率、突变概率等的影响,当设置最大迭代次数时,需要综合考虑各种因素。如果最大迭代次数设置太大,则会浪费时间;反之,则可能错失最优解。

当装配式混凝土结构建筑中要规划的预制构件数量特别庞大时,改进遗传算法的种群规模和迭代次数需要设置得很大,这将会十分费时费力。如果改进遗传算法的种群规模和迭代次数设置过小,则在随机搜索过程中很有可能失去最优解甚至失去次优解。考虑到问题求解的可行性、高效性和合理性,当装配式混凝土结构建筑预制构件的规划数量特别庞大时,可以采用案例推理(case-based reasoning,CBR)方法进行吊装序列方案的满意化求解,把由案例推理法检索出的满意吊装序列方案作为改进遗传算法的初始化成员,这样既可以利用案例推理法的高效性和合理性,又可以利用改进遗传算法的寻优性,使得最终的吊装序列方案不劣于单独方法下的任一方案。

2.3.4　影响因素分析方法

装配式混凝土结构建筑吊装序列方案制定后,如何确保其顺利实施是一个有价值且有必要研究的重要问题。为了确保吊装序列方案的顺利实施,需要进行相关的控制,而对导致装配式建筑吊装序列方案变更的影响因素进行识别与分析是控制的前提。影响因素的识别主要目的是建立一个影响因素指标体系。目前,影响因素的识别方式主要有查阅文献[129-130]、实地调研[131-132]、专家访谈或咨询[133-134]、问卷调查法[135-136]等。影响因素的识别一般是首先采用查阅文献的方式获取一定数量的影响因素,然后在此基础上采取其他方式进一步扩充、修改和完善。当所研究的问题面向社会大众时,有资质的受访者数量比较庞大,则适于采用问卷调查法;当所研究的问题比较专业且具有一定的创新性,即有资质的受访者数量较少甚至特别少,则适于采用实地调研、专家访谈或咨询的方式。本书研究所涉及的问题专业性比较强,无法面向社会大众,即使建筑领域的一些人员也无法成为有资质的受访者,因为目前装配式混凝土结构建筑在新建建筑中的比例较小,从事于装配式混凝土结构建筑工程项目的人员更少。由于有资质的受访者数量较少,只能通过查阅文献、项目调研、专家访谈等方式建立导致装配式混凝土结构建筑吊装序列方案变更的影响因素体系。

装配式混凝土结构建筑吊装序列方案变更影响因素体系建立后,需要进行相关分析。解释结构模型(interpretative structural modeling,ISM)法、交叉影响矩阵相乘(matrices impacts croises-multiplication appliance classement,MICMAC)法、决策试验和评价实验室(decision-making trial and evaluation laboratory,DEMATEL)法等有机结合并形成了基于 ISM-MICMAC-DEMATEL 的影响因素分析方法,对导致装配式建筑吊装序列方案变更的影响因素进行层次结构关系分析、分类分析和重要度分析等全方位的分析,在分析结果的基础上提出相应的策略和建议,为下一步具体的控制原理研究奠定基础。

基于 ISM-MICMAC-DEMATEL 的影响因素分析方法如图 2-9 所示,三个方法之间是层层递进的逻辑关系。解释结构模型法以直观的多级递阶结构模型展示系统各要素以及这些要素间的相互作用关系,主要适用于要素众多、要素间关系复杂且结构不清晰的系统分析[137]。导致装配式混凝土结构建筑吊装序列方案变更的影响因素众多且关系复杂,解释结构模型法可以从众多影响因素中求解到直接影响因素、间接影响因素和根本影响因素,并建立这些影响因素间的层次结构关系。交叉影响矩阵相乘法主要作用是把影响因素划分为自治要素、依赖要素、联系要素、独立要素 4 类[138]。解释结构模型法的输出信息可以作为交叉影响矩阵相乘法的输入信息[139],解释结构模型法和交叉影响矩阵相乘法的结合可以有效地从所有影响因素中识别出最关键的影响因素[140]。因此,交叉影响矩阵相乘法在解释结构模型法基础上,通过建立驱动力-依赖性模型,把导致装配式混凝土结构建筑吊装序列方案变更的影响因素分成自治要素、依赖要素、联系要素、独立要素4类,从而提出相应的策略和建议。影响因素的驱动力根据能够作用其他影响因素的数量确定,在一定程度上可以体现出此影响因素在系统中的重要性;但是,影响因素在系统中的重要性,不仅仅由该影响因素能够作用的其他影响因素的数量决定,还由该影响因素能够对其他影响因素的作用程度决定。决策试验和评价实验室法主要作用是计算出各要素的影响程度并识别出关键要素[141]。在ISM-MICMAC方法基础上,通过决策试验和评价实验室法研究吊装序列方案变更影响因素体系中的原因要素和结果要素,计算出各要素的影响程度并识别出关键要素,从而提出相应的策略和建议。

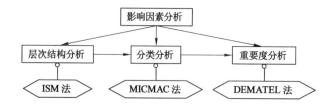

图 2-9　基于 ISM-MICMAC-DEMATEL 的影响因素分析方法

2.3.5　无线射频识别技术

无线射频识别(radio frequency identification,RFID)技术是一种无线通信技术,用于自动识别、检测和跟踪物体,一般由读写器和应答器(包括电子标签和天线)组成,不需要与物体有机械或光学接触[142]。无线射频识别技术主要具有以下特点:适用于表面信息不易保存的物体;在数据记录方面具有很高的灵活性;无源的无线射频识别技术成本较低。无线射频识别技术工作原理如图 2-10 所示[143]。读写器和应答器间通过电磁感应的形式进行数据交互,读写器和计算机终端需要借助网络技术进行数据交互。

无线射频识别技术在建筑领域中的现有研究主要集中在以下几方面:塔吊吊装路径监控[144]、起吊时构件信息搜集[145]、现场装配过程的数据收集[146]、施工人员定位[147]、预制构件生产数据搜集[148]、预制构件运输数据搜集[149]等。以上研究表明,无线射频识别技术的主要作用是能够实时收集数据,并记录物体所处的位置和时间。装配式混凝土结构建筑的预制构件比较笨重、体积较大且

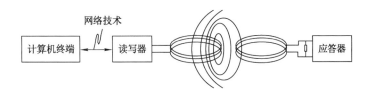

图 2-10　无线射频识别技术工作原理图

常放置于露天环境,表面信息不易保存,而且主体工程施工完毕后还有后续的装修环节。

综上所述,装配式混凝土结构建筑的生产、运输、施工等环节宜采用无线射频识别技术。在预制构件批量生产过程中,将电子标签附着在预制构件内以实现对预制构件的身份识别和后续跟踪。实时跟踪预制构件并及时反馈其所处的状态有利于装配式混凝土结构建筑吊装序列方案的动态控制,减少吊装序列方案的不必要变更,为吊装序列方案的调整提前预留反应时间。

2.3.6　理论方法间逻辑关系

装配式混凝土结构建筑吊装序列规划与控制研究的主要内容包括 3 个方面:基于 BIM-IGA 的吊装序列规划与优化研究;吊装序列方案变更影响因素识别与分析研究;基于 BIM-RFID 的吊装序列动态控制研究。三者之间是层层递进、循序渐进的逻辑关系:基于 BIM-IGA 的吊装序列规划与优化研究是前提和基础,用于吊装序列方案的制定;吊装序列方案变更影响因素识别与分析研究、基于 BIM-RFID 的吊装序列动态控制研究是保障,用于吊装序列方案的控制。

装配式混凝土结构建筑吊装序列规划与控制研究的支撑性理论方法包括层次树模型技术、建筑信息模型技术、改进遗传算法、影响因素分析法和无线射频识别技术。这些理论方法间层层递进且相互交织协同。图 2-11 展示了这些主要方法之间的协同工作原理流程图。

(1) 在基于 BIM-IGA 的吊装序列规划与优化研究中,利用层次树模型表达装配式混凝土结构建筑的组成要素以及各要素间的关系,利用建筑信息模型技术进行 BIM 的绘制以及吊装序列方案的可视化检测,利用改进遗传算法进行吊装序列的最优化求解。

(2) 在吊装序列方案变更影响因素识别与分析研究中,利用影响因素分析法对导致吊装序列方案变更的影响因素进行全面的分析,提出相应的策略和建议,以实现有针对性的提前控制。

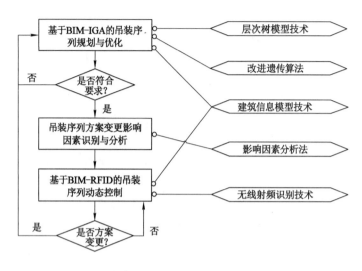

图 2-11　吊装序列规划与控制各方法协同运作流程图

（3）在基于 BIM-RFID 的吊装序列动态控制研究中，利用建筑信息模型技术关联项目和进行吊装序列方案监控阶段的可视化展示，利用无线射频识别技术实时跟踪预制构件以监控预制构件的状态。

2.4　本章小结

首先，阐述并分析了支撑装配式混凝土结构建筑吊装序列规划与控制研究的主要理论方法。与非装配式混凝土结构建筑相比，装配式混凝土结构建筑使用独特的装配式施工方式，而吊装在此施工方式中显得格外重要，因而阐述了预制构件吊装的概念、特点和工艺流程。由于吊装序列规划与控制随着装配式混凝土结构建筑的发展而逐渐凸显，相关概念阐述比较缺乏，因此定义了面向装配式混凝土结构建筑的吊装序列规划与控制，包括吊装序列规划的内涵和吊装序列控制的内涵。

然后，着重研究了支撑吊装序列规划与控制研究的理论方法；对层次树模型技术、建筑信息模型技术、影响因素分析法和无线射频识别技术进行相关的详述，对遗传算法进行相关阐述并做出适当的改进。

最后，把这些主要方法进行有机结合建立了各方法协同运作流程图，协同解决装配式混凝土结构建筑的吊装序列规划与控制问题。

3

基于 BIM-IGA 的吊装序列方案规划与优化

装配式混凝土结构建筑吊装序列方案的制订是一个系统化的过程,具有一定的复杂性,并且逐渐受到业内人士的关注。尽管前文确定了装配式混凝土结构建筑吊装序列规划研究所需的一些支撑性理论方法,即层次树模型技术、建筑信息模型技术、遗传算法和案例推理法,但是与之匹配的具体理论方法模型依然未建立。为了制订最优且合理的装配式混凝土结构建筑吊装序列方案,有必要在这些支撑性理论方法的基础上,结合装配式混凝土结构建筑某一楼层或施工区域吊装施工的特点,建立一个具体的吊装序列规划与优化模型,并进行详细的解析。

3.1 基于 BIM-IGA 的吊装序列规划与优化模型

3.1.1 吊装序列信息的树状图表达

目前,国内的装配式混凝土结构建筑以中高层或高层为主,一般采用塔式起重机进行预制构件的吊装。鉴于装配式混凝土结构建筑的多楼层、多构件特点,由累加效应可知,如果对装配式混凝土结构建筑吊装序列方案进行科学合理的规划,则可以获得可观的效益。根据结构类型,装配式混凝土结构建筑可分为装配式混凝土框架结构、装配式混凝土剪力墙结构以及由这两种结构衍生出来的其他结构,每种结构对应的基本预制构件的种类和数量有所差异。不同类型装配式混凝土结构建筑间尽管存在这种差异但是在装配逻辑顺序上仍有一定的相似性:

① 按照预制楼层自下而上逐层施工;

② 当预制楼层平面比较大时,则需要对预制楼层进行施工区域划分;

③ 施工区域间的施工方式依据实际情况可以采取流水施工也可以采取并行施工,但是每一施工区域一般对应一塔式起重机,很少出现一个施工区域对

应多台塔式起重机的情况。

装配式混凝土结构建筑吊装序列规划应该以某一楼层或施工区域为研究对象,一旦楼层或施工区域的吊装序列方案确立后,整个建筑的吊装序列方案也就随之确定。考虑到受力稳定性、施工安全等硬性约束条件,装配式混凝土结构建筑某一楼层或施工区域应按照先竖向构件后横向构件的逻辑顺序进行吊装。把装配式混凝土结构建筑的预制楼层或施工区域作为一个子装配体,采用层次模型(HTM)技术对其结构进行分解,如图 3-1 所示。树状结构图并未区分装配式混凝土结构建筑的具体类型,只是表达了一般性逻辑关系。因为角柱 m、内墙 n 分别属于角柱类、内墙类,所以角柱 m 与内墙 n 视为不同类别预制构件;同时,因为内墙 1、内墙 2、内墙 n 统属于内墙类,所以内墙 1、内墙 2 与内墙 n 视为同类别预制构件。受硬性约束条件的限制,不同类别预制构件间的吊装逻辑关系比较明确,一般不需要优化。然而,同类别预制构件间一般没有硬性约束条件的限制,吊装逻辑关系也不明确,可通过建立一些柔性约束条件对这些预制构件的吊装顺序进行优化。一旦确定这些预制构件的吊装顺序,则通过层层向上推理的方式获得整个子装配体的吊装序列方案。本章将着重研究同类别预制构件间的吊装顺序规划问题。

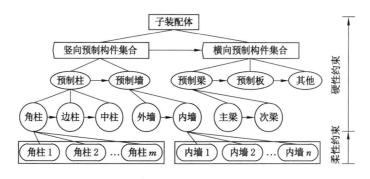

图 3-1　子装配体吊装序列信息的树状结构图

3.1.2　吊装序列规划与优化模型设计

当装配式混凝土结构建筑某一楼层或施工区域的设计布局简单且有规律时,可以直观地确定同类别预制构件间吊装顺序,然后依据图 3-1 中的吊装序列信息树状结构图推导出整个楼层或施工区域的吊装序列方案。当装配式混凝土结构建筑某一楼层或施工区域的设计布局相对复杂且毫无规律可循时,同类别预制构件间的吊装顺序规划变得比较困难,如果仅凭借经验知识,那么只能得到初步的吊装顺序方案。为了制订最优且合理的装配式混凝土结构建筑吊装序列方案,除了凭借项目实践中的经验知识外,还需要借助一些科学的理论方法。然而,任何一种理论方法都有自身固有的局限性,在解决问题时,如果一些理论方法间能够有效协同并相互补充,就会得到更加完善且符合实际的解决方案。改进遗传算法(IGA)善于求解最优化问题,建筑信息模型(BIM)技术善于可视化模拟,案例推理(CBR)方法善于利用过去的工程案例知识。在这些支撑方法基础上,建立了基于 BIM-IGA 的吊装序列规划与优化模型架构,如图 3-2 所示。

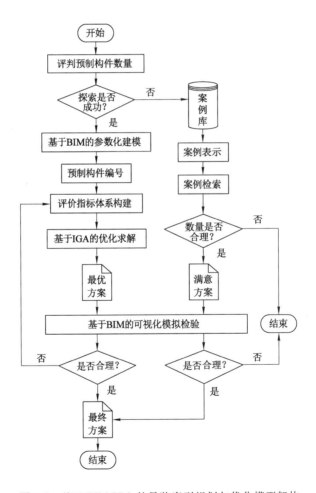

图 3-2　基于 BIM-IGA 的吊装序列规划与优化模型架构

根据要规划的同类别预制构件数量,可将模型分为两部分:

(1)当要规划的同类别预制构件数量相对合理时,则使用建筑信息模型技术建立一个三维装配式混凝土结构建筑模型,对构成此建筑模型的预制构件进行分类和编号,建立一个具有柔性约束性质的吊装序列方案评价指标体系并确定各评价指标权重,设计一个用于吊装序列方案评价的目标函数,采用改进遗传算法求解最优吊装序列方案,通过建筑信息模型技术对最优方案进行可视化模拟检验。在同类别预制构件的吊装序列方案确立后,依据图 3-1 中的树状结构图,通过层层向上推理的方式可获得整个子装配体的吊装序列方案。

(2)当要规划的同类别预制构件数量特别多时,则需要通过案例推理法检索出相似案例并以此为参照制定一个满意的吊装序列方案。案例推理法使用的前提条件是必须有足够的历史案例,如果没有足够的历史案例或者案例检索失败,那么只能凭借经验知识进行吊装序列规划。与改进遗传算法相比,案例推理法和经验知识法虽然求解效率较高但是求解质量较差,如果把案例推理法或经验知识方法获取的满意吊装序列方案纳入改进遗传算法的初始种群中,就可以兼顾吊装序列方案最优化求解的质量和效率。

3.2 吊装序列方案评价指标识别与量化

3.2.1 吊装序列方案评价指标的识别

吊装序列方案的制定具有一定的复杂性,一般是以装配式混凝土结构建筑的某一楼层或施工区域为基本单位。某一楼层或施工区域的不同类别预制构件之间存在一些硬性约束,如受力稳定性、施工安全等,导致这些预制构件间的吊装逻辑关系比较明确,不需要经过复杂的规划。然而,某一楼层或施工区域的同类别预制构件间一般不存在硬性约束,导致这些预制构件间的吊装逻辑比较自由。如果设置一些柔性约束条件对这些预制构件的吊装顺序进行科学系统的规划与优化,也能够为施工企业带来一定的效益,而且一栋装配式混凝土结构建筑往往拥有很多预制楼层,由累加效应可知,效益规模将会进一步增大。本书中将这些柔性约束条件作为判断吊装序列方案优劣的评价指标。

对于某一楼层或施工区域的同类别预制构件,判断其吊装序列方案优劣的评价指标未知,相关工作需要从零开始,即在现有实际环境下逐渐探索以建立一套科学合理的吊装序列方案评价指标体系。为了识别这些评价指标,可采用文献-调研-专家的方式。在文献-调研-专家的方式中,文献查阅、调研项目和专家咨询三者层层递进又相互协作,首先查阅相关文献并准备一些相关文件,然后对某些装配式混凝土结构建筑项目进行实地调研并咨询相关专家以进一步完善相关文件,最后进一步咨询有关专家并得到最终的相关文件。通过查阅相关文献可知,吊装(装配)序列规划问题一般考虑的评价指标有几何约束[81]、工具更换和操作自由度[2]等。在此基础上,通过调研项目、咨询项目专家和相关学者、研读项目资料等方式进行评价指标的增加与删除。例如:预制构件间就近安装可以节省安装工人移动的路程,所以应把预制构件间的距离关系作为评价指标之一;同类别预制构件间一般不需更换索具,所以暂不把吊装索具变更次数作为评价指标;预制构件重量和预制构件所占空间存在一定的重复性,二者相比,预制构件所占空间更具代表性。

　　判断吊装序列方案优劣的三个评价指标见表 3-1。这三个评价指标属于柔性约束,仅适用于某一楼层或施工区域的同类别预制构件间的吊装顺序规划。预制构件所占空间,即预制构件外轮廓所占据的空间体积,不扣除预制构件中的一些孔洞。预制构件间的距离关系是指预制构件安装位置间的距离。预制构件间的干涉关系是指吊装某预制构件时受到其他已经吊装预制构件的阻碍情况。预制构件的吊运过程可以进一步细分为吊升到某一大致安装位置,安装人员扶住预制构件使其在水平面内前后左右移动到精确安装位置的正上方,预制构件缓慢下降至最终位置。根据笛卡尔直角坐标系可知,预制构件的自由移动方向最多有 6 个,即上、下、左、右、前、后,预制构件吊装时任意一个自由移动方向被其他预制构件所阻碍即视为一个干涉。但是,此干涉关系判断原理也有很大缺陷,主要因为某一预制构件受到干涉的大小不仅取决于其自由移动方向被阻碍的个数,还取决于每一个自由移动方向被阻碍的程度。因此,预制构件间干涉关系的判断不能仅取决于自由移动方向受到阻碍的个数。

表 3-1　吊装序列规划与优化的评价指标体系

编号	评价指标	详细解释
1	预制构件所占空间	预制构件所占空间大者优先原则,即在某一预制楼层或施工区域中预制构件的轮廓体积越大,其所需安装空间越大,越应该优先吊装
2	预制构件间距离关系	工人的移动路程最小原则。为了实现这一原则,紧前吊装的预制构件与紧后吊装的预制构件之间应尽量存在几何连接关系,或者二者的安装位置相距最近

表 3-1(续)

编号	评价指标	详细解释
3	预制构件间干涉关系	预制构件间的干涉最小原则；在某一预制楼层或施工区域中，一些预制构件安装往往会导致后续其他预制构件不易甚至无法安装，应尽量避免这种情况的发生

3.2.2 吊装序列方案评价指标的量化

为了更加科学、客观地对装配式混凝土结构建筑某一楼层或施工区域的同类别预制构件进行吊装顺序规划，吊装序列规划与优化的评价指标体系确立后，则需要对体系中的各评价指标进行量化。

（1）预制构件所占空间

在对装配式混凝土结构建筑某一楼层或施工区域的同类别预制构件进行吊装顺序规划时，所占空间较大的预制构件，应该优先吊装。借鉴惩罚值的原理，如果某一吊装的预制构件所占空间小于其紧前吊装的预制构件所占空间，那么一个惩罚值将会产生。惩罚值的作用是阻止不期望情况的发生。惩罚值可以根据某预制构件所占空间与其前一吊装预制构件所占空间的比值确定，当惩罚值不存在时，惩罚值可以设为零。假设在装配式混凝土结构建筑某一楼层或施工区域中，某一类别的预制构件包括预制构件 $P_1, P_2, \cdots, P_n$，则可以采用两两比较矩阵 $\boldsymbol{A}$ 表示预制构件 $P_1, P_2, \cdots, P_n$ 间所有可能的惩罚值，见式(3-1)，a_{ij} 表示矩阵 $\boldsymbol{A}$ 中任意一个惩罚值，x_i 表示预制构件 P_i 所占空间，x_j 表示预制构件 P_j 所占空间。注意：两两比较矩阵 $\boldsymbol{A}$ 中主对角线上的元素可以取零。

$$\boldsymbol{A} = (a_{ij})_{n \times n} = \begin{cases} \dfrac{x_j}{x_i}, x_j > x_i \\ 0, x_j \leqslant x_i \end{cases}_{n \times n} \quad (i = 1, 2, 3, \cdots, n; j = 1, 2, 3, \cdots, n)$$

$$(3\text{-}1)$$

（2）预制构件间的距离关系

预制构件在对应楼层或施工区域中的安装位置是确定且不变的，在进行吊装序列规划时，预制构件的吊装应尽可能按照预制构件间安装位置最近原则。借鉴惩罚值的原理，当某一预制构件的吊装违背这一原则时，一个惩罚值就会产生。惩罚值可以阻止违背原则情况的发生。这使得在设计上存在连接关系的预制构件优先吊装，也符合"预制构件应尽量沿着一个方向依次吊装"和"尽量避免施工人员不必要的来回移动以减少施工人员的总路程"等工程实践经验。对于设计图上存在连接关系的两个预制构件,它们安装位置间的距离默认为零;对于设计图上不存在连接关系的两个预制构件,它们安装位置间的距离参考二者之间最靠近部分的距离,其距离测量时应考虑到施工人员移动路线的可行性。预制构件与前一吊装预制构件安装位置间的距离除以所有预制构件安装位置间不为零的最小距离,即惩罚值。假设在装配式混凝土结构建筑某一楼层或施工区域中,某一类别的预制构件包括预制构件 P_1,P_2,$\cdots$,P_n,则可以采用两两比较矩阵 $\boldsymbol{B}$ 表示预制构件 P_1,P_2,$\cdots$,P_n 间所有可能的惩罚值,见式 (3-2),b_{ij} 表示矩阵 $\boldsymbol{B}$ 中任意一个惩罚值,y_j 表示预制构件 P_j 与预制构件 P_i 安装位置间的距离,y_{min} 表示所有预制构件安装位置间不为零的最小距离,$y_j = 0$ 表示预制构件 P_j 与预制构件 P_i 存在连接关系。注意:两两比较矩阵 $\boldsymbol{C}$ 中主对角线上的元素可以取 0。

$$\boldsymbol{B} = (b_{ij})_{n \times n} = \left(\begin{cases} \dfrac{y_j}{y_{min}}, y_j \geqslant y_{min} \\ 0, y_j = 0 \end{cases} \right)_{n \times n} \quad (i = 1, 2, \cdots, n; j = 1, 2, \cdots, n)$$

$$(3\text{-}2)$$

(3) 预制构件间的干涉关系

如果为装配式混凝土结构建筑某一楼层或某一施工区域设置一个笛卡尔直角坐标系,那么预制构件有上、下、前、后、左、右 6 个自由移动方向,预制构件任何一个自由移动方向被阻碍就应该产生一个惩罚值。但是,惩罚不仅只是有无的问题,而且还有大小的问题,有些预制构件的吊装虽然在多个移动方向受到了阻碍,但是这些阻碍对预制构件的影响很小,几乎可以忽略。因此,不能简单地以预制构件移动方向受到阻碍的个数来衡量惩罚值的大小,惩罚值可参考预制构件干涉状态下安装时间与正常状态下安装时间的比值确定。如果预制构件在吊装时未受到足够的干涉,那么其惩罚值默认为零。假设在装配式混凝土结构建筑某一楼层或施工区域中,某一类别的预制构件包括预制构件 P_1,P_2,$\cdots$,P_n,则可以采用一维矩阵 $\boldsymbol{C}$ 表示预制构件 P_1,P_2,$\cdots$,P_n 间所有可能的惩罚值,见式(3-3),c_i 表示矩阵 $\boldsymbol{C}$ 中任意一个惩罚值,z_i 表示预制构件 P_i 正常状态下安装时间,z'_i 表示预制构件 P_i 干涉状态下安装时间,k 表示所有可能干涉的个数。

$$\boldsymbol{C} = (c_i)_{1 \times k} = \left(\dfrac{z'_i}{z_i} \right)_{1 \times k} \quad (i = 1, 2, \cdots, k \leqslant n) \quad (3\text{-}3)$$

3.3 吊装序列方案评价目标函数构建

3.3.1 指标权重确定方法的选择

目前,国内的装配式混凝土结构建筑还存在预制率和装配率问题,由于预制率和装配率的不同,即使类型相同的装配式混凝土结构建筑项目间也存在较大差异,很多理论方法无法普适化。原则上,装配式混凝土结构建筑不应该存在预制率和装配率的问题,可以分为装配整体式和全装配式两类。随着装配式混凝土结构建筑的发展,其预制率和装配率越来越高,预制率和装配率问题将不复存在,使得类型相同的装配式混凝土结构建筑项目间差异逐渐减小,一些理论方法可以相互参考和借鉴。在对装配式混凝土结构建筑某一楼层或施工区域的同类别预制构件进行吊装顺序规划与优化时,预制构件所占空间、预制构件间距离关系、预制构件间干涉关系三个评价指标的权重需要依据具体的项目确定,并且同类型项目之间才具有一定的借鉴意义。

现有权重的确定方法大致可以分为两类:一类是主观赋权法,另一类是客观赋权法。主观赋权法有专家调查法和层次分析法[150],客观赋权法有频数统计法[151]、熵权法[152]、主成分分析法[153]、遗传算法[154]等。主观赋权法与客观赋权法的主要区别是主观赋权法需要由专家凭借其经验知识赋权而客观赋权法需要依据实际的数据完成赋权,这将导致在实际赋权过程中主观赋权法适应性比较强、更加灵活,客观赋权法适用条件比较苛刻、灵活性较差。因此,吊装序列方案评价指标权重的确定应建立在专家调查法(又称为德尔菲法)基础上,因为吊装序列方案评价指标权重的研究具有一定的新度,装配式混凝土结构建筑在我国还未普及,在新建建筑中的比重较小,可获取的有资质的专家数量比较少,在此前提下需要充分利用仅有专家们的经验知识,而且采用专家调查法所做的决策更加符合项目实际,能够做到具体问题具体分析,而不是笼统地处理问题。然而,专家调查法也存在一定的缺陷,即主观性太强。为了充分利用专家调查法的优势且尽可能降低其劣势,本书在专家调查法的基础上引进了BIM可视化模拟检测技术建立了Delphi-BIM方法。在此方法中,首先咨询有资质的专家初步确定吊装序列方案评价指标体系中三个指标的权重,然后对这些权重下的吊装序列方案进行三维可视化模拟检测并把模拟结果展示给部分专家。如果三维视角下吊装序列方案不存在问题,则权重可行;反之,则重复上述操作直至通过 BIM 可视化模拟的检验。

3.3.2 目标函数构建方法的选择

从多个吊装序列方案中评判出最优方案,可以借鉴非劣解的思想也可以借鉴权重的思想。在非劣解的思想中,每一个吊装序列方案评价指标都可以作为一个目标函数,而每一个目标函数都有对应的最优吊装序列方案集。如果某一吊装序列方案属于所有评价指标下的最优吊装序列方案集的交集,那么此吊装序列方案即为最终的最优吊装序列方案。这种情况虽然存在但是不常见,所以非劣解思想的应用有一定的局限性。在权重的思想中,每一个吊装序列方案评价指标不可以单独作为一个目标函数,而是通过为这些评价指标分配权重使其共同构成一个整体的目标函数。权重的数值既可以表达评价指标间的精确重要度,也可以表达评价指标间的模糊重要度,因而基于权重的目标函数比基于非劣解的目标函数适应性更强。本书采用权重的思想建立一个可以衡量吊装序列方案优劣的目标函数,目标函数命名为装配式混凝土结构建筑某一楼层或施工区域中同类别预制构件的整体吊装难易度。

3.3.3 方案评价目标函数的设计

目标函数作为衡量装配式混凝土结构建筑某一楼层或施工区域的同类别预制构件吊装序列方案优劣的尺度,同类别预制构件吊装过程中受到的惩罚值越多,目标函数值越大,即目标函数与惩罚值成正相关,见式(3-4)。g 表示装配式混凝土结构建筑某一楼层或施工区域中同类别预制构件的整体吊装难易度;u、v、w 分别表示所占空间的权重、距离关系的权重、干涉关系的权重,且 $u+v+w=1$,T_a 表示所占空间总惩罚值,T_b 表示距离关系总惩罚值,T_c 表示干涉关系总惩罚值,t_0 是大于零的常数;一维数组 d 表示任一吊装序列方案,数组 d 的任一元素 $d_{(i)}$ 表示吊装序列方案中的任一预制构件。为了进一步完善三个评价指标的实用价值以及属性值的可对比性,本书较之前研究增加了指标属性值的规范化处理,采用标准 $0-1$ 变换方法,其中 a_{max} 和 a_{min}、b_{max} 和 b_{min}、c_{max} 和 c_{min} 分别表示面向同类别预制构件的所有可能吊装序列方案中所占空间总惩罚值的最大值和最小值、距离关系总惩罚值的最大值和最小值、干涉关系总惩罚值的最大值和最小值;装配式混凝土结构建筑的施工区域一旦确定,施工区域内同类别预制构件的数量也就确定,a_{max} 和 a_{min}、b_{max} 和 b_{min}、c_{max} 和 c_{min} 就是具体值而非变量;k 表示第 k 个干涉,m 表示所有可能干涉的个数,n 表示同类别预制构件的个数。

$$\min g = uT_a + vT_b + wT_c + t_0$$

$$= u\frac{\sum\limits_{i=1}^{n-1} a_{d(i)d(i+1)} - a_{\min}}{a_{\max} - a_{\min}} +$$

$$v\frac{\sum\limits_{i=1}^{n-1} b_{d(i)d(i+1)} - b_{\min}}{b_{\max} - b_{\min}} + w\frac{\sum\limits_{k=1}^{m} c_k - c_{\min}}{c_{\max} - c_{\min}} + t_0 \qquad (m \leqslant n, t_0 > 0)$$

$$(3\text{-}4)$$

3.4 吊装序列方案最优化求解与检测

3.4.1 基于 IGA 的吊装序列方案最优化求解

3.4.1.1 适应度函数的设计

在装配式混凝土结构建筑中，每一预制构件都具有对应的编号，这些编号具有唯一性且不重复。如果装配式混凝土结构建筑某一楼层或施工区域的同类别预制构件有 n 个，那么这 n 个同类别预制构件总共有 $n!$ 个可能的吊装序列方案。关于方案决策问题一般有两种解决方式：一是，首先提供几个可供选择的方案，然后从中选择最优的一个；二是，从所有可能的方案中选择最优的一个。第一种方式虽然操作简单，但是提供的可供选择方案数量有限，而且也无法确保这些方案在所有可能吊装序列方案中是否最优。与第一种方式相比，第二种方式虽然操作较复杂且费时间，但是第二种方式可以借助计算机和一些智能算法尽可能降低自身的劣势。改进遗传算法比较灵活，不仅从理论上能够产生所有可能的吊装序列方案并寻优，而且也能够根据实际需要产生一定量的吊装序列方案并寻优。因此，改进遗传算法适用于吊装序列方案的最优化求解。在改进遗传算法中，适应度函数应取最大值，因为种群中个体的适应度值越大意味着此个体的生存能力越强。适应度函数可以通过对式(3-4)取倒数的方式建立，见式(3-5)。f 表示适应度函数值，如果随着遗传代数的增加种群平均适应度逐渐收敛至不再变化，那么计算出的 f 值为最大适应度值，f 值对应的染色体即为最优吊装序列方案。

$$\max f = \frac{1}{uT_a + vT_b + wT_c + t_0}$$

$$= \frac{1}{u\dfrac{\sum\limits_{i=1}^{n-1} a_{d(i)d(i+1)} - a_{\min}}{a_{\max} - a_{\min}} + v\dfrac{\sum\limits_{i=1}^{n-1} b_{d(i)d(i+1)} - b_{\min}}{b_{\max} - b_{\min}} + w\dfrac{\sum\limits_{k=1}^{m} c_k - c_{\min}}{c_{\max} - c_{\min}} + t_0}$$

$$(m \leqslant n, t_0 > 0) \tag{3-5}$$

3.4.1.2 方案的最优化求解

装配式剪力墙结构建筑是一种常见的装配式混凝土结构建筑,基本组成构件有预制墙板、预制梁、预制楼板、预制楼梯等。建筑信息模型技术具有参数化设计的特点,这使其非常适合于装配式剪力墙结构建筑的绘制。图 3-3 展示了一个装配式剪力墙结构建筑的 BIM 模型,由 Autodesk Revit 软件绘制;此建筑模型由底层楼板、外墙板、内墙板、梁、顶层楼板、楼梯等基本构件组成,其中梁、顶层楼板、楼梯在图中未显示。与二维图纸相比,BIM 模型保存了预制构件的相关属性信息,例如名称、材料、尺寸、供应商等,相关人员既可以对模型中的预制构件进行编号并标识,也可以对模型本身进行自由旋转,从而全面地了解装配式剪力墙结构建筑的结构设计和预制构件的布局。假设图 3-3 展示的装配式剪力墙结构建筑楼层距地面有一定高度,鉴于受力稳定性和施工安全等硬性约束条件,可以确定此楼层中不同类别预制构件间的吊装顺序,即底层楼板、外墙板、内墙板、梁、顶层楼板、楼梯。然而,外墙板和内墙板都有很多个,多个外墙板间的吊装顺序、多个内墙板间的吊装顺序都难以确定,仍需要对其吊装逻辑做进一步的规划与优化。

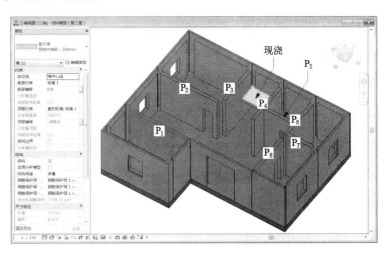

图 3-3 装配式剪力墙结构建筑 BIM 模型示例

以装配式剪力墙结构建筑模型中的竖向构件预制墙板为例阐释并修正前文所建立的数学模型。模型中预制外墙板成环形排列,这些预制外墙板应该按照顺时针或逆时针的方向依次吊装,并在此基础上生成的所有可行吊装序列方案在距离关系、干涉关系两方面是相同的,所占空间可能存在不同。与之相比,预制内墙板的布局较复杂,没有规律可循,预制内墙板随机排列组合形成的吊装序列方案都是可行的,而且这些可行吊装序列方案间的所占空间、距离关系和干涉关系不一定相同,预制内墙板 P_1、P_2、P_3、P_4、P_5、P_6、P_7、P_8 的评价指标信息数据见表 3-2。其中,干涉关系的判断只需考虑预制内墙板吊装时其在水平面内的自由移动方向,即前、后、左、右四个方向,不需要考虑上、下两个自由移动方向。由于预制内墙板的质量和体积非常巨大,运动惯性非常大,实际吊装过程中预制内墙板会在前、后、左、右四个方向有一定的摆动幅度且不易控制;当某一预制内墙板的两端夹在其他预制构件中间时,虽然此预制内墙板仍有两个自由移动方向,但是其在这两个方向上的移动变得十分困难。因此,此处仅考虑到(P_4,P_6)先于 P_5 吊装、(P_5,P_7)先于 P_6 吊装、(P_6,P_8)先于 P_7 吊装这三种干涉情况。

表 3-2　模型中内墙板的吊装序列方案评价指标相关数据

指标名称	量化描述
所占空间	$V_{P_1}=V_{P_2}=1.35×V_{P_4}=1.46×V_{P_3}=1.46×V_{P_6}=1.46×V_{P_8}=2.11×V_{P_5}=2.25×V_{P_7}$,依据上述关系得到所占空间惩罚值矩阵
距离关系	通过测量工具获得所有构件间的距离值,然后除以其中最小距离值得到最终的距离关系惩罚值矩阵
干涉关系	在吊装序列方案中以下情况应该尽量避免:$(P_4,P_6)>P_5$,$(P_5,P_7)>P_6$,$(P_6,P_8)>P_7$,其中">"代表"优先于"

为了简化相关计算,在面向预制内墙板的吊装序列方案评价目标函数中,所有干涉关系惩罚值设置为 2,其中 t_0 设置为 1。根据图 3-3 和表 3-2,提前采用改进遗传算法求解适应度函数中参数(a_{min},a_{max})、(b_{min},b_{max})、(c_{min},c_{max}),对应的求解结果分别为$(0,6.99)$、$(4.93,28.07)$和$(0,4)$。权重常数 u、v、w 的确定是一个逐渐探索和完善的过程,通过咨询一些项目上专家以及听取一些学者们的意见可以总结出 3 个权重之间存在的一般性逻辑关系:干涉关系的权重 w 优先于距离关系的权重 v,距离关系的权重 v 优先于所占空间的权重 u;在此一般性逻辑关系基础上,从中选取一些有资质的专家进行咨询以确定权重常数 u、v、w 的初始值,然后通过 BIM-IGA 技术进行多次可视化模拟以检验和改进 u、v、w 的值。通过多次调整和改进,目标函数中权重常数 u、v、w 的值分别为 0.1、0.3、0.6。由于权重常数 u、v、

w 对于项目的依赖性特别强且不同的决策者偏好也有所差异,因此在实际项目中权重常数 u、v、w 的具体数值需要根据不同项目做出调整。

改进遗传算法中参数相互影响,这些参数值的设置关系到计算的准确性和效率,其中,种群规模和迭代次数一般与染色体长度成正比。Matlab 编程技术用于实现改进遗传算法,通过计算机进行多次运算试验,改进遗传算法中的参数设置最终如下:选择精英操作,染色体长度设置为 8,种群规模设置为 500,迭代次数设置为 3 000,交叉概率设置为 0.95,突变概率设置为 0.10。此种参数设置下对应的计算结果如下:装配式剪力墙结构建筑模型预制内墙板的吊装序列为 P_1、P_2、P_3、P_4、P_5、P_6、P_7、P_8,总的空间惩罚值、距离惩罚值、干涉惩罚值分别为 4.067 8、4.930 0、0,最优适应度值为 0.945 0,最优个体首先出现在第 118 代。图 3-4 展示了改进遗传算法在进行预制内墙板吊装顺序规划时迭代次数与种群平均适应度的关系。随着迭代次数的增加,种群平均适应度逐渐收敛,这说明改进遗传算法在计算终止前已达到成熟。

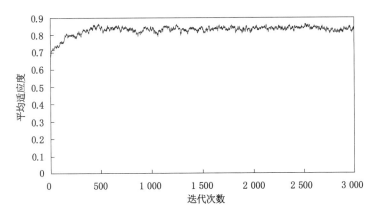

图 3-4　改进遗传算法迭代次数与种群平均适应度的关系

3.4.2　基于 BIM 的吊装序列方案可视化检测

改进遗传算求解出的吊装序列方案具备了理论上的最优性,其实际上的合理性最终需要通过项目实践的检验。然而,这在现实中几乎是不可能的,因为这样付出的代价可能会更大。目前,建筑信息模型技术能够十分出色地模拟建筑项目的施工过程,可以利用该技术的可视化模拟功能实现对预制内墙板吊装序列方案 P_1、P_2、P_3、P_4、P_5、P_6、P_7、P_8 的合理性检验。在吊装序列方案可视化模拟过程中,如果发现一些不合理的现象,则需要调整上文所建数学模型中的相关参数,然后再使用改进遗传算法求解新的预制内墙板吊装序列方案，并使用建筑信息模型技术重新进行可视化模拟检验；重复此过程，直至求解到最优且合理的吊装序列方案。装配式剪力墙结构建筑模型预制内墙板吊装序列方案 P_1、P_2、P_3、P_4、P_5、P_6、P_7、P_8 的吊装序列方案可视化检测过程如图 3-5 所示。与二维图纸相比，建筑信息模型技术绘制的三维模型使模拟过程更加直观，一些问题更容易被发现。分析模拟过程可知，装配式剪力墙结构建筑模型预制内墙板的吊装序列方案符合预制构件吊装的一般性原则，即预制构件通常沿着一个方向依次吊装，具有一定的合理性；而且，模拟过程也显示此吊装序列方案确保了预制内墙板的就近安装以及所需的安装空间，达到了吊装序列规划的目的。因此，装配式剪力墙结构建筑模型的总体吊装序列方案可以进一步明确为底层楼板、外墙板、内墙板（P_1、P_2、P_3、P_4、P_5、P_6、P_7、P_8）、梁、顶层楼板和楼梯。

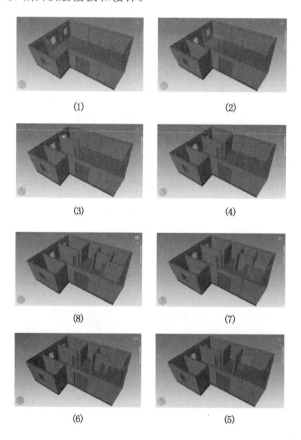

(1)　　　　　　　　　　(2)

(3)　　　　　　　　　　(4)

(8)　　　　　　　　　　(7)

(6)　　　　　　　　　　(5)

图 3-5　基于 BIM 的吊装序列方案可视化模拟检测

3.4.3 基于 CBR 的吊装序列满意方案求解

尽管基于 IGA 的吊装序列方案最优化求解方法具有很多优势,如方案求解比较灵活、原理上可以求到最优方案、更加贴近项目实践等。但是,通过多次试验,仍发现一些不足之处:IGA 的求解原理为全局随机搜索,当装配式混凝土结构建筑某一层或施工区域的同类别预制构件数量特别多时,为了尽可能避免错失最优解,改进智能算法中种群规模和迭代次数的设置数值需要足够大,吊装序列方案的最优化求解将会变得十分费时。如果能够把一些备选的满意吊装序列方案纳入改进遗传算法的种群初始化中,那么改进智能算法的求解质量和效率将会得到很大程度的提升。在一些研究中,案例推理(case-based reasoning,CBR)方法用于满意方案的检索。案例推理法参照和借鉴历史上相似的案例进行当前问题的求解,具有利用已有知识、提高问题求解效率和进行知识积累等优点,但是其无法判断问题的求解结果是否最优[155-156]。案例推理法最早由耶鲁大学尚克(R. Schank)教授在 1982 年提出,其过程包括目标案例描述、案例库构建、案例检索条件设置等[157]。由案例推理法的概念和过程可知,利用基于 CBR 的满意吊装序列方案求解方法进行装配式混凝土结构建筑的吊装序列规划,只能得到一些满意的吊装序列方案,无法确保这些吊装序列方案的最优性。

本书通过设置硬性检索条件和柔性检索条件对于装配式混凝土结构建筑某一楼层或施工区域的吊装序列方案进行描述。装配式混凝土结构建筑某一楼层或施工区域的结构类型、楼层平面布置类型、构件类别属于硬性检索条件,如果这三个检索条件不满足,则直接导致检索失败。装配式混凝土结构建筑的常见结构类型:剪力墙结构、框架结构、框架剪力墙结构等。在高层建筑中多以剪力墙结构为主,当框架剪力墙结构中预制柱改为现浇时其实质相当于一种剪力墙结构。与现浇混凝土结构建筑相比,现有装配式混凝土结构建筑的外形设计一般比较规整,因此装配式混凝土结构建筑楼层或施工区域的常见基本平面布置类型暂设为矩形、L 形、凹形、凸形等,或者类似这四种基本类型,如图 3-6 所示。注意:为了研究的需要,仅展示了这四种基本平面布置类型,现实中的平面布置类型可能要更加复杂多变。

装配式混凝土结构建筑楼层或施工区域的常见基本构件类别有预制柱、预制墙板、预制梁、预制平板(楼板、阳台板、空调板等)、预制楼梯等。根据受力稳定性、施工安全等硬性约束可知,装配式混凝土结构建筑的不同类别预制构件

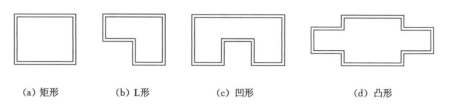

(a) 矩形　　　　(b) L形　　　　(c) 凹形　　　　　　(d) 凸形

图 3-6　装配式混凝土结构建筑楼层或施工区域的常见基本平面布置类型

间存在已知的一般性吊装逻辑关系,因此只需研究同类别预制构件间的未知吊装顺序,即装配式混凝土结构建筑楼层或施工区域的基本预制构件只需考虑同类别预制构件的数量以及它们之间的组合,而不需要再考虑不同类别预制构件的数量以及它们之间的组合。由于在高层建筑中多以剪力墙结构为主,因此本书以复杂的预制内墙板连接为例。图 3-7 展示了某一楼层或施工区域中预制内墙板的 5 种基本连接类型,此处没有对内墙板的型号进行细分。但是,在进行某一楼层或施工区域预制内墙板的吊装序列规划时,需要考虑到内墙板的型号,即每种基本连接类型还需要进一步细分。

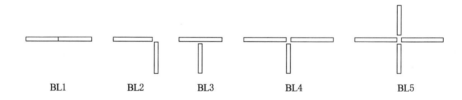

BL1　　　　　BL2　　　　　BL3　　　　　　BL4　　　　　　　BL5

图 3-7　某一楼层或施工区域中预制内墙板的 5 种基本连接类型

装配式混凝土结构建筑吊装序列方案检索的硬性检索条件(结构类型、平面布置类型、构件类别)是案例检索过程中必须要完全满足的特征,因此可以采用类似文献检索系统的关键词索引机制。装配式混凝土结构建筑吊装序列方案检索的柔性检索条件假设为:构件型号相似数量和不相似数量、连接类型相似数量和不相似数量。这些柔性检索条件是案例检索过程中可以部分满足的特征,即达到一定的相似度。相似度函数一般由构件型号相似数量和不相似数量、连接类型相似数量和不相似数量这四个柔性检索条件及其对应的权重构成,满足相似度阈值且相似度最高的源案例才有资格作为相似案例。相似度函数中权重的设置非常重要且十分困难,当案例库的规模足够大时,可以采用基于 IGA 的权重确定方法。如果已知一个装配式混凝土结构建筑项目案例与目标案例最接近,则可以通过改进遗传算法不断地训练相似度函数中的各权重,使运算结果逐渐倾向于此装配式混凝土结构建筑项目案例,且相似度函数值满足所设的阈值。但是,目前以上条件无法满足,本书立足于实际以及考虑到研究的可行性,采用非劣解思想进行相似案例的检索。在基于非劣解思想的案例检索方法中,利用求交集的方式求解某一柔性检索条件的相似数量,交集的补集则是此柔性检索条件的不相似数量,见式(3-6)和式(3-7)。Q_i^0 表示目标案例的第 i 个柔性检索条件相关特征信息的集合,Q_i^j 表示源案例 j 的第 i 个柔性检索条件相关特征信息的集合,S_i 表示第 i 个柔性检索条件的相似数量,$\overline{S_i}$ 表示第 i 个柔性检索条件的不相似数量。

$$S_i = Q_i^0 \bigcap Q_i^j \quad (i=1,2,\cdots,m;j=1,2,\cdots,n) \tag{3-6}$$

$$\overline{S_i} = (Q_i^0 \bigcup Q_i^j) - (Q_i^0 \bigcap Q_i^j) \quad (i=1,2,\cdots,m;j=1,2,\cdots,n) \tag{3-7}$$

在式(3-6)和式(3-7)求解基础上,基于非劣解思想的案例检索原则为"相似数量取最大、不相似数量取最小"。此原则可以确保检索出的相似案例在每一个柔性检索条件上都不劣于案例库中其他的源案例,但是却无法保证此相似案例是最优的。图 3-8 展示了 1 个目标案例和 5 个假设的源案例。由于这些案例主要是用于阐释基于 CBR 的满意吊装序列方案求解方法的具体运作原理,因此组成目标案例和源案例的预制构件数量并未设置的过于庞大。目标案例中只考虑预制内墙板的吊装序列,只对预制内墙板进行详细的分类并编号 A、B、C 和 D。通过经验直观地判断源案例[图 3-8(b)]应该是案例库中最接近目标案例的,如果基于 CBR 的满意吊装序列方案求解方法能够检索出源案例[图 3-8(b)],则证明此方法具有一定的合理性。

由图 3-8 中的目标案例可知,目标案例的预制内墙板有 4 种型号,即 A、B、C 和 D,对应的数量分别为 2、1、2 和 1,总数量为 6;这 6 个预制内墙板一共形成两个节点,即(A B C)节点和(A C D)节点,对应的连接类型皆为图 3-7 中的 BL4。根据"相似数量取最大、不相似数量取最小"的案例检索原则,检索图 3-8 中与目标案例最相近的源案例,求解与整理后的检索结果信息见表 3-3 所示。构件型号相似数量检索条件下对应的检索结果为源案例(a)、(b),构件型号不相似数量检索条件下对应的检索结果为源案例(b)、(c),连接类型相似数量检索条件下对应的检索结果为源案例(b),连接类型不相似数量检索条件下对应的检索结果为源案例(b)。综上所述,源案例(b)是所有检索结果的交集,源案例(b)是最终的检索结果,所得结果符合经验知识的判断,具有一定的合理性。

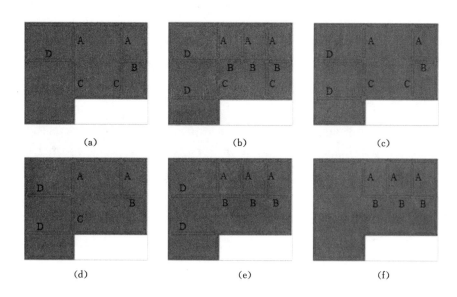

图 3-8　目标案例和假设的源案例

表 3-3　1 目标案例和 5 个假设的源案例的相关数据整理与求解

案例	构件型号		连接类型		最终检索结果
	相似数量	不相似数量	相似数量	不相似数量	
目标	$2A,1B,2C,1D$		$T_{(ABC)},T_{(ACD)}$		
(a)	6	4	0	4	
(b)	6	1	2	1	
(c)	5	1	1	2	
(d)	4	4	0	4	
(e)	3	3	0	3	
检索	(a)、(b)	(b)、(c)	(b)	(b)	(b)

当装配式混凝土结构建筑某一楼层或施工区域的同类别预制构件数量特别多时,采用案例推理法进一步完善改进遗传算法(IGA)是一个可行的方式,但是这种方式也有一些固有的缺陷。如果采用案例推理法求解满意吊装序列方案,则需要建立一个由许多历史案例构成的案例库。案例库的规模和质量以及检索条件的细化程度决定了吊装序列方案检索的成功性和质量;此外,尽管案例库中的历史案例经历过实践的检验,具有一定的合理性,但是其质量程度无法确定,而且由此得到的初级吊装序列方案还需要根据具体的实际情况做出再

— 52 —

次检验和适当调整。这些缺陷是由项目案例数量不足造成的,可以随着装配式混凝土结构建筑的发展得到解决,案例库的规模将会越来越大,案例的质量逐渐提高,吊装序列方案检索的成功性和质量也会逐渐提高。

3.5　本章小结

　　本章主要研究了装配式混凝土结构建筑的吊装序列规划与优化问题,为了解决此问题,依次提出了子装配体吊装序列信息的树状结构图、基于 BIM-IGA 的吊装序列规划与优化模型。在模型构建过程中,建立了一个面向同类别预制构件的吊装序列方案评价指标体系并对各评价指标进行量化,设计了对应的吊装序列方案评价目标函数,阐释了基于 IGA 的吊装序列方案最优化求解以及基于 BIM 的吊装序列方案可视化检测。当装配式混凝土结构建筑某一楼层或施工区的同类别预制构件数量特别多时,引进案例推理法弥补改进遗传算法低效,甚至可能失去最优解的情况。然而,此研究也存在一定的局限性,吊装序列方案评价指标体系以及对应的目标函数需要随着更多的项目实践进行不断地检验和修正,案例推理法的检索依赖于案例库的规模,现有项目案例比较少,存在检索失败的风险。因此,基于 BIM-IGA 的吊装序列规划与优化模型仍需要不断地发展和完善。

4

吊装序列方案变更影响因素识别与分析

在装配式混凝土结构建筑实际建造过程中,偶然发生的一些影响因素往往使得现场施工条件不满足既定的吊装序列方案,迫使吊装序列方案变更。如果这一现象得不到有效的控制,则会逐渐降低方案规划的价值。为了解决此类问题,需要对这些影响因素进行识别与分析。然而,吊装序列方案变更影响因素识别与分析研究具有一定的新度,考虑到研究的可行性和科学性,有必要以前文所述的基于 ISM-MICMAC-DEMATEL 的影响因素分析方法为基础,结合部分装配式混凝土结构建筑项目实践,建立一个具体可行的吊装序列方案变更影响因素识别与分析模型,进行详细的解析并给出对应的政策建议。

4.1 吊装序列方案变更影响因素识别与分析模型

为了避免或者减少吊装序列方案变更现象的发生,提前识别可能导致吊装序列方案变更的影响因素,然后分析这些影响因素之间的相互作用关系以及其中的关键因素变得至关重要。面向装配式混凝土结构建筑的吊装序列方案变更影响因素识别与分析模型架构如图 4-1 所示。模型主要有三个阶段构成,即影响因素识别阶段、影响因素分析阶段、政策制定和建议阶段。

(1)影响因素识别阶段

从理论结合实践的视角,采用文献研究-项目调研-专家咨询的方式识别导致装配式混凝土结构建筑吊装序列方案变更的影响因素,从而构建一个完整的影响因素体系以及确定各影响因素间的相互作用关系。文献研究用于初步收集一些影响因素,并在此基础上形成初级的调研或访谈提纲;通过项目调研、项目资料研读和专家咨询的方式进一步增加和删除一些影响因素,专家咨询过程应以项目方人员为主,需要经过若干轮反馈,从而形成最终的装配式混凝土结构建筑吊装序列方案变更影响因素体系以及各影响因素间的相互作用关系。

(2)影响因素分析阶段

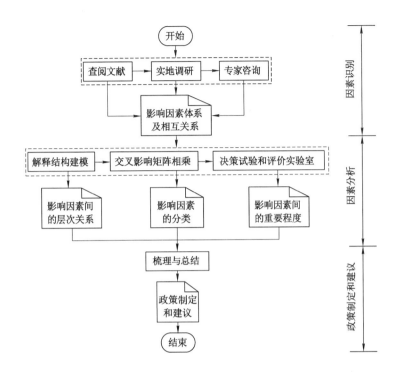

图 4-1　吊装序列方案变更影响因素识别与分析模型架构

解释结构模型法、交叉影响矩阵相乘法、决策试验和评价实验室法分别用于吊装序列方案变更影响因素的层次结构关系分析、分类分析、重要度分析。ISM 法的输出信息是 MICMAC 法的输入信息，ISM 法的输入信息是 DEMATEL 法输入信息的基础，而 DEMATEL 法的输入信息是 ISM 法输入信息的细化。

（3）政策建议制定阶段

对基于 ISM-MICMAC-DEMATEL 的影响因素分析结果进行梳理和总结从而提出相应的政策和建议，为下一步装配式混凝土结构建筑吊装序列方案的控制原理研究奠定基础。

4.2　吊装序列方案变更影响因素体系的构建

4.2.1　影响因素识别方式的特殊性分析

与一般的社会性问题相比，面向装配式混凝土结构建筑的吊装序列方案变

更影响因素问题是一个专业性非常强的问题,这主要由以下几点原因导致:

① 目前的装配式混凝土结构建筑在新建建筑中的比例依然非常小,而且预制率和装配率比较高的典型装配式混凝土结构建筑占比更小;

② 在装配式混凝土结构建筑项目施工过程中,专门负责或参与预制构件吊装的管理人员数量不多,即有资质的被采访者比较少;

③ 装配式混凝土结构建筑技术门槛比较高,国内从事装配式混凝土结构建筑项目的建筑企业较少。

受限于有资质受访者的数量,难以通过发放大量调查问卷的方式搜集导致装配式混凝土结构建筑吊装序列方案变更的影响因素,不得不寻找其他的影响因素识别方式。

装配式混凝土结构建筑吊装序列方案变更影响因素的识别是一个复杂的过程,如果从装配式混凝土结构建筑全产业链的视角考虑到每一个可能的直接或间接影响因素,这将会导致影响因素的数量异常庞大,因而无法展开有效的研究;此外,装配式混凝土结构建筑建造过程中导致吊装序列方案变更的影响因素可能来源于众多参与方,如建设单位、设计单位、生产单位、监理单位和施工单位等,难以全部识别。因此,吊装序列方案变更影响因素体系的构建应基于一些现有的相关文献、实际的装配式混凝土结构建筑项目以及有相关项目经历的专家,从中梳理出可能导致吊装序列方案变更的影响因素。

4.2.2 基于文献-调研-咨询的影响因素识别方式

通过查阅文献、项目调研和专家咨询等多种方式逐渐收集、识别和完善导致装配式混凝土结构建筑吊装序列方案变更的影响因素,基于文献-调研-咨询的影响因素识别方式如图 4-2 所示。

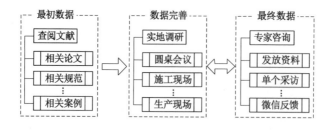

图 4-2　吊装序列方案变更影响因素的可行识别方式

首先,查阅相关论文、相关标准规范、相关项目案例等文献,初步确立一些导致装配式混凝土结构建筑吊装序列方案变更的影响因素。

其次,选取国内的一些典型装配式混凝土结构建筑项目进行实地调研,调研项目建筑栋数不应少于 5 栋。在项目调研过程中,首先通过圆桌会议听取项目方对工程项目的简介;然后根据提前准备的一些资料(表 4-1)通过半结构化集体访谈的形式咨询项目方的专家们,并随时记录咨询的结果;最后参观这些项目的施工现场、预制构件生产现场、技术展览馆等,对以上咨询结果和调研结果进行整理从而形成一个初步的吊装序列方案变更影响因素体系。

表 4-1　项目调研过程中半结构化访谈所需的部分资料

步骤	内容描述
1 调研目的	识别与分析导致项目吊装序列方案变更的影响因素
2 调研对象	项目方有关人员以及预制构件厂相关人员
3 调研方法	咨询-记录-考察的方式
4 调研内容	4.1 项目施工时预制构件是无序吊装还是有对应的吊装序列方案? 4.2 项目施工时是否发生过吊装序列方案变更的情况? 4.3 导致项目吊装序列方案变更的影响因素有哪些? 4.4 吊装序列方案变更影响因素间的相互作用关系? 4.5 吊装序列方案变更影响因素间的相互作用程度? 4.6 项目方可否提供一些相关的资料?

最后,把初步形成的吊装序列方案变更影响因素体系以纸质版或电子版的形式发送给相关专家,就其中的问题进行一对一的咨询,收集整理咨询意见并进一步完善吊装序列方案变更影响因素体系。专家咨询环节并不是一个单一不可逆过程,而是作者离开项目后可以凭借现实生活中的微信(WeChat)等通信平台与项目上的专家们保持联系,从而对吊装序列方案变更影响因素体系进行不断反馈和修改以形成最终的吊装序列方案变更影响因素体系以及各影响因素间的相互作用关系。

4.2.3　影响因素体系的具体构建过程

待装配式混凝土结构建筑吊装序列方案变更影响因素的识别方式确立后,如何落实这些方式是吊装序列方案变更影响因素体系构建的关键。查阅文献需要做到有选择性地查阅,查阅的文献应具有科学性、正规性和权威性。为此,查阅中国知网、Engineering Village、Web of Science 等权威数据库中的相关文献以及国家发布的相关标准规范,搜集并整理的装配式混凝土结构建筑吊装序列方案变更影响因素如下:预制构件的运输效率[82],施工过程中能否及时准确地掌握各种预制构件的制造、运输、到场等信息[149]，预制构件堆放规划是否合理[158]。罗杰等指出了装配式建筑施工中的预制构件堆放混乱、六级以上大风天气等问题[159]；根据现有知识可知，这些问题一旦发生也可能导致吊装序列方案变更。装配式混凝土结构建筑吊装序列方案变更影响因素研究具有一定新度，相关研究文献比较少。在通过查阅文献搜集影响因素基础上，对我国境内的一些装配式混凝土结构建筑项目进行实地调研并咨询相关专家，进一步搜集并整理装配式混凝土结构建筑吊装序列方案变更的影响因素。咨询相关专家时主要采用半结构化访谈（semi-structured interviews，SSI）的形式，事后主要通过微信工具进行进一步咨询。当遇到专家们之间的认识不一致时，调查者应承担起中枢和桥梁的作用，需要向各个专家不断地反馈以确定哪一种认识更加合理。采用两两比较的方法对通过查阅文献、实地调研和专家咨询等方式收集到的众多影响因素进行整理，剔除相似性较大的影响因素，整合有隶属关系的影响因素，归类性质相近的影响因素。最终形成的装配式混凝土结构建筑吊装序列方案变更影响因素体系见表 4-2。

表 4-2　导致吊装序列方案变更的影响因素体系

符号	影响因素	进一步描述
F_1	目标预制构件安装所需的工作面被其他施工活动所占据	由于没有预制构件可吊，不得不提前进行其他施工活动（如钢筋绑扎），目标预制构件到达时其所需的工作面仍被这些活动占据
F_2	合格的目标预制构件无法按时到达起吊位置	由于某些原因，目标预制构件无法按时到达指定的吊装位置，为避免窝工，不得不先吊装其他预制构件
F_3	错误的吊装顺序指令	由于某些原因，施工管理人员给出错误的吊装顺序指令，一旦错误的预制构件吊起后，只能将错就错
F_4	预制构件识别错误	地面工作人员把其他预制构件误识别为目标预制构件，一旦错误的预制构件吊起后，只能将错就错
F_5	预制构件吊装过程中受损	预制构件吊运或安装过程中受损，需要更换，为避免窝工，不得不先吊装其他预制构件
F_6	预制构件场外运输进度延迟	交通状况以及其他原因导致的预制构件运输延迟
F_7	场外运输途中个别预制构件损坏	由于运输导致的个别预制构件损坏，在进场质检时判定不合格，将会返厂

表 4-2（续）

符号	影响因素	进一步描述
F_8	个别预制构件场内仓储保养不善	由于施工现场仓储问题导致的个别预制构件质量出现问题
F_9	施工现场预制构件堆放混乱	预制构件种类、数量繁多，堆放规划、落实等不到位
F_{10}	吊装序列方案技术交底不到位	吊装序列方案技术交底时未引起施工管理人员、塔吊操作人员和施工人员等各方的足够重视
F_{11}	施工管理人员的素质问题	地面、地上等各管理人员的状态、专业水平等
F_{12}	塔吊操作人员的素质问题	塔吊操作人员的状态、操作熟练水平等
F_{13}	施工工人们的素质问题	地面、地上等施工人员的状态、操作熟练水平等
F_{14}	天气（尤其风速）问题	天气（尤其风速）问题，但是这种天气的恶劣程度应在可施工的范围内
F_{15}	设计缺陷或构件偏差	施工图、预制构件加工图等变更
F_{16}	预制构件的运输批次有误	没有按照规划好的运输方案进行预制构件的运输
F_{17}	预制构件信息跟踪问题	无法及时准确地掌握各种预制构件的制造、运输、到场、堆放等信息，不能有效地实施监控和相互反馈

4.3 吊装序列方案变更影响因素间逻辑关系分析

4.3.1 基于 ISM 的影响因素间结构关系分析

如果一个影响因素体系包含较多的影响因素，那么难以区分出直接影响因素、间接影响因素、根本影响因素。解释结构模型（ISM）法适合于分析影响因素间的层次逻辑关系，划分出直接、间接和根本的影响因素，建立直观的层次结构图。在解释结构模型法中两个影响因素间的相互作用关系是指它们之间的直接影响关系，即一个影响因素发生变化可能会直接导致另一个因素随之发生变化，这种变化可以是正相关的也可以是负相关的。任意两个影响因素 i、j 之间的直接影响关系一般有以下四种[160]：

① 影响因素 i 的变化对影响因素 j 的变化有直接影响，但是影响因素 j 的变化对影响因素 i 的变化没有直接影响。

② 影响因素 j 的变化对影响因素 i 的变化有直接影响，但是影响因素 i 的变化对影响因素 j 的变化没有直接影响。

③ 影响因素 i 与影响因素 j 互相直接影响。

④ 影响因素 i 与影响因素 j 间不存在直接影响关系。

为了确定吊装序列方案变更影响因素体系中各影响因素间的相互作用关系,把吊装序列方案变更影响因素体系和相应表格以电子版或纸质版形式展示给一些与装配式混凝土结构建筑项目相关的专家们:首先,向专家们说明意图,使其对影响因素间的逻辑关系做出判断并给出意见;其次,对专家们的判断和意见进行梳理和汇总,确立初步的装配式混凝土结构建筑吊装序列方案变更影响因素间的直接影响关系;再次,初步的直接影响关系确立后,将其反馈给这些专家们并听取他们的意见进行修改和完善;最后,多次反馈咨询后采取"少数服从多数"的原则[94],最终形成的影响因素间直接影响关系见表 4-3。

表 4-3 吊装序列方案变更影响因素间的直接影响关系

影响因素	被影响因素	影响因素	被影响因素	影响因素	被影响因素
F_1	—	F_7	F_2	F_{13}	F_4、F_5、F_9
F_2	—	F_8	F_2	F_{14}	F_5
F_3	—	F_9	F_4	F_{15}	F_2、F_6
F_4	—	F_{10}	F_3、F_4、F_9	F_{16}	F_2
F_5	—	F_{11}	F_3、F_8、F_9	F_{17}	F_3、F_4、F_9、F_{16}
F_6	F_1、F_2	F_{12}	F_5		

装配式混凝土结构建筑吊装序列方案变更影响因素间的直接影响关系确定后,需要进行量化处理。在解释结构模型法中,邻接矩阵常被学者们用于表示影响因素间是否存在直接作用关系,其数学表达式见(4-1)[161]。邻接矩阵 $\boldsymbol{A}$ 用来表示影响因素间的关系;a_{ij} 是 $\boldsymbol{A}$ 中的任一元素,如果 $a_{ij}=0$ 时,则表明影响因素 F_i 对 F_j 没有直接作用;如果 $a_{ij}=1$ 时,则表明影响因素 F_i 对 F_j 有直接作用。针对导致装配式混凝土结构建筑吊装序列方案变更的影响因素 $F_1\sim F_{17}$ 建立对应的邻接矩阵 $\boldsymbol{A}$,见表 4-4。F_i 表示任意一行,F_j 表示任意一列。注意:当 $F_i=F_j$ 时,a_{ij} 的值没有任何含义,设为零。

$$\boldsymbol{A} = (a_{ij})_{n\times n} = \begin{bmatrix} a_{11} & a_{12} & \cdots & a_{1n} \\ a_{21} & a_{22} & \cdots & a_{2n} \\ \vdots & \vdots & & \vdots \\ a_{n1} & a_{n2} & \cdots & a_{nn} \end{bmatrix}$$

$$(i,j = 1,2,\cdots,n; a_{ij} \in \{0,1\}) \tag{4-1}$$

表 4-4 吊装序列方案变更影响因素对应的邻接矩阵元素 a_{ij}

	F_1	F_2	F_3	F_4	F_5	F_6	F_7	F_8	F_9	F_{10}	F_{11}	F_{12}	F_{13}	F_{14}	F_{15}	F_{16}	F_{17}
F_1	0	0	0	0	0	0	0	0	0	0	0	0	0	0	0	0	0
F_2	0	0	0	0	0	0	0	0	0	0	0	0	0	0	0	0	0
F_3	0	0	0	0	0	0	0	0	0	0	0	0	0	0	0	0	0
F_4	0	0	0	0	0	0	0	0	0	0	0	0	0	0	0	0	0
F_5	0	0	0	0	0	0	0	0	0	0	0	0	0	0	0	0	0
F_6	1	1	0	0	0	0	0	0	0	0	0	0	0	0	0	0	0
F_7	0	1	0	0	0	0	0	0	0	0	0	0	0	0	0	0	0
F_8	0	1	0	0	0	0	0	0	0	0	0	0	0	0	0	0	0
F_9	0	0	0	1	0	0	0	0	0	0	0	0	0	0	0	0	0
F_{10}	0	0	1	1	0	0	0	0	0	1	0	0	0	0	0	0	0
F_{11}	0	0	0	0	0	0	1	1	0	0	0	0	0	0	0	0	0
F_{12}	0	0	0	0	1	0	0	0	0	0	0	0	0	0	0	0	0
F_{13}	0	0	0	1	1	0	0	0	0	0	0	0	0	0	0	0	0
F_{14}	0	0	0	0	1	0	0	0	0	0	0	0	0	0	0	0	0
F_{15}	0	1	0	0	0	0	0	0	0	0	0	0	0	0	0	0	0
F_{16}	0	1	0	0	0	0	0	0	0	0	0	0	0	0	0	0	0
F_{17}	0	0	1	1	0	0	0	0	0	1	0	0	0	0	0	1	0

在吊装序列方案变更影响因素体系中，某一影响因素 F_i 可能直接作用于另一影响因素 F_j，也可能通过其他影响因素间接作用于另一影响因素 F_j。如果影响因素 F_i 与 F_j 间有直接或间接的作用关系，则它们之间一定存在可到达路径。可达矩阵常被学者们用于表示影响因素间是否存在可到达的路径，根据邻接矩阵 $\boldsymbol{A}$ 建立对应的可达矩阵 $\boldsymbol{R}$，如式（4-2）和式（4-3）[162]。$\boldsymbol{A}$ 为 n 阶邻接矩阵，$\boldsymbol{E}$ 为 n 阶单位矩阵；$\boldsymbol{A}'$ 中的元素均为 0 或 1，因此 $\boldsymbol{A}'$ 的幂运算服从布尔矩阵运算法则（$1+1=1,1+0=1,0+1=1,0+0=0;1\times1=1,1\times0=0,0\times1=0,0\times0=0$）。当且仅当式（4-3）成立时，$(\boldsymbol{A}')^{m-1}$ 或 $(\boldsymbol{A}')^m$ 为所求的可达矩阵，用 $\boldsymbol{R}$ 表示。如果 $\boldsymbol{R}=(r_{ij})_{n\times n}=(\boldsymbol{A}')^m$，当 $r_{ij}=0$ 时，表明影响因素 F_i 和 F_j 间不存在可达路径；当 $r_{ij}=1$ 时，则表明影响因素 F_i 和 F_j 间存在可达路径。针对导致装配式混凝土结构建筑吊装序列方案变更的影响因素 $F_1 \sim F_{17}$，采用 Matlab 编程技术求

解出对应的可达矩阵 $\boldsymbol{R}$，见表 4-5。

$$\boldsymbol{A}' = \boldsymbol{A} + \boldsymbol{E} \tag{4-2}$$

$$(\boldsymbol{A}')^1 \neq (\boldsymbol{A}')^2 \neq \cdots (\boldsymbol{A}')^{m-2} = (\boldsymbol{A}')^{m-1} = (\boldsymbol{A}')^m = \boldsymbol{R}, m \leqslant n-1 \tag{4-3}$$

表 4-5　吊装序列方案变更影响因素对应的可达矩阵元素 r_{ij}

	F_1	F_2	F_3	F_4	F_5	F_6	F_7	F_8	F_9	F_{10}	F_{11}	F_{12}	F_{13}	F_{14}	F_{15}	F_{16}	F_{17}
F_1	1	0	0	0	0	0	0	0	0	0	0	0	0	0	0	0	0
F_2	0	1	0	0	0	0	0	0	0	0	0	0	0	0	0	0	0
F_3	0	0	1	0	0	0	0	0	0	0	0	0	0	0	0	0	0
F_4	0	0	0	1	0	0	0	0	0	0	0	0	0	0	0	0	0
F_5	0	0	0	0	1	0	0	0	0	0	0	0	0	0	0	0	0
F_6	1	1	0	0	0	1	0	0	0	0	0	0	0	0	0	0	0
F_7	0	1	0	0	0	0	1	0	0	0	0	0	0	0	0	0	0
F_8	0	1	0	0	0	0	0	1	0	0	0	0	0	0	0	0	0
F_9	0	0	0	1	0	0	0	0	1	0	0	0	0	0	0	0	0
F_{10}	0	0	1	1	0	0	0	0	0	1	1	0	0	0	0	0	0
F_{11}	0	1	1	1	0	1	1	0	1	0	1	0	0	0	0	0	0
F_{12}	0	0	0	0	1	0	0	0	0	0	0	1	0	0	0	0	0
F_{13}	0	0	0	0	1	0	0	0	0	0	0	0	1	0	0	0	0
F_{14}	0	0	0	0	1	0	0	0	0	0	0	0	0	1	0	0	0
F_{15}	1	1	0	0	0	0	0	0	0	0	0	0	0	0	1	0	0
F_{16}	0	1	0	0	0	0	0	0	0	0	0	0	0	0	0	1	0
F_{17}	0	1	1	1	0	0	0	0	1	0	0	0	0	0	0	1	1

　　已知可达矩阵 $\boldsymbol{R} = (r_{ij})_{n \times n} = (\boldsymbol{A}')^m$，在其基础上进行影响因素级别划分，如果某一影响因素 F_i 是顶层因素当且仅当满足数学式（4-4）、式（4-5）和式（4-6）[162]：$S(F_i)$ 表示从影响因素 F_i 出发可以到达的其他影响因素集合，$T(F_j)$ 表示可以到达影响因素 F_j 的其他影响因素集合。针对导致装配式混凝土结构建筑吊装序列方案变更的影响因素 $F_1 \sim F_{17}$，根据式（4-4）、式（4-5）和式（4-6），采用 Matlab 编程技术求解各影响因素对应的级别，如表 4-6 所列。17 个吊装序列方案变更影响因素划分为三个级别：第一级的影响因素被影响，第三级的影响因素主动发挥影响，第二级的影响因素既主动对上级影响因素发挥影响又受到下级影响因素的影响。

$$S(F_i) = \{F_j \mid r_{ij} = 1\} \, j = 1, 2, \cdots, n \tag{4-4}$$

$$T(F_j) = \{F_i \mid r_{ij} = 1\} \, i = 1, 2, \cdots, n \tag{4-5}$$

$$S(F_i) \bigcap T(F_j) = S(F_i), S(F_i) \neq \varnothing \, \& \, T(F_j) \neq \varnothing \tag{4-6}$$

表 4-6　导致吊装序列方案变更的各影响因素的级别划分

级别	影响因素	进一步说明
1	F_1、F_2、F_3、F_4、F_5	目标层级,仅仅接受其他层级因素的影响
2	F_6、F_8、F_9、F_{16}	中间层级,既接受下层级因素的影响又主动影响上层级因素
3	F_7、F_{10}、F_{11}、F_{12}、F_{13}、F_{14}、F_{15}、F_{17}	根本层级,仅仅主动影响其他层级的因素

采用解释结构模型法对影响因素进行分析,最终会生成一个递阶层次模型图,即解释结构模型。解释结构模型具有层次化、条理化、直观化等特点,逻辑表达比较清晰,不仅可以清晰地表达影响因素之间的相互作用关系,而且还可以直观地展示各影响因素所处的层级。根据表 4-3 中装配式混凝土结构建筑吊装序列方案变更影响因素间的直接作用关系和表 4-6 中影响因素的级别划分可生成对应的解释结构模型,如图 4-3 所示。此模型是一个 3 层递阶结构,集成了吊装序列变更影响因素间的直接作用关系和层次结构关系,F_0 表示吊装序列方案的变更。图 4-3 中的解释结构模型可以直接应用于装配式混凝土结构建筑吊装序列方案变更影响因素的分析,如果在一些装配式混凝土结构建筑项目中个别影响因素不存在,则可以在此模型上直接标记这些个别影响因素以断绝与其他影响因素的关系。

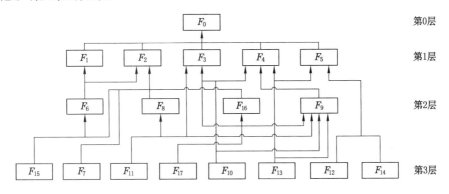

图 4-3　吊装序列方案变更影响因素的解释结构模型

4.3.2 基于 MICMAC 的影响因素间分类分析

解释结构模型(ISM)法不仅能够揭示影响因素间的层次结构关系,而且还可以在一定程度上反应不同层次影响因素间的驱动力和依赖性大小关系。然而,解释结构模型法无法确定影响因素的具体驱动力和依赖性,这样也就无法反应同一层次影响因素间的驱动力和依赖性大小关系。国外已有研究表明,当采用解释结构模型法确定影响因素的层次结构关系后,还需要对影响因素的分类进行分析。影响因素的分类分析往往采用交叉影响矩阵相乘法,由此方法建立的驱动力——依赖性模型可以表示每个影响因素的驱动力和依赖性大小,并在此基础上对影响因素进行分类。

针对装配式混凝土结构建筑吊装序列方案变更影响因素体系,已知可达矩阵 $\boldsymbol{R}=(r_{ij})_{n\times n}=(\boldsymbol{A}')^m$,在其基础上计算各影响因素的依赖性和驱动力,计算公式如式(4-7)和式(4-8)所列[160]。D_i 表示驱动力,对应可达矩阵 $\boldsymbol{R}$ 中第 i 行元素之和;Y_j 表示依赖性,对应可达矩阵 $\boldsymbol{R}$ 中第 j 列元素之和。各吊装序列方案变更影响因素依赖性和驱动力的数值与对比,如图 4-4 所示。吊装序列方案变更影响因素体系中驱动力的最小值为 1,最大值为 6 且对应影响因素 F_{11}、F_{17};依赖性的最小值为 1,最大值为 8 且对应影响因素 F_2。

$$D_i = r_{i1} + r_{i2} + \cdots + r_{ij} + \cdots r_{in} = \sum_{j=1}^{n} r_{ij} \quad (i=1,2,\cdots,n) \qquad (4\text{-}7)$$

$$Y_j = r_{1j} + r_{2j} + \cdots + r_{ij} + \cdots + r_{nj} = \sum_{i=1}^{n} r_{ij} \quad (j=1,2,\cdots,n) \qquad (4\text{-}8)$$

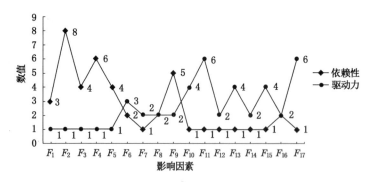

图 4-4　吊装序列方案变更影响因素驱动力和依赖性的数值

根据交叉影响矩阵相乘法建立装配式混凝土结构建筑吊装序列方案变更影响因素的驱动力-依赖性模型,如图 4-5 所示。17 个吊装序列方案变更影响因素划分为四个象限,象限的划分依据驱动力最小值和最大值的中间值以及依赖性最小值和最大值的中间值;第Ⅰ象限为自治影响因素集,包含 F_1、F_3、F_5、F_6、F_7、F_8、F_{12}、F_{14}、F_{16},这些影响因素的依赖性和驱动力都比较小;第Ⅱ象限为依赖影响因素集,包含 F_2、F_4、F_9,这些影响因素的依赖性比较大而驱动力比较小;第Ⅲ象限为联系影响因素集,意味着依赖性和驱动力都比较大,但是没有任何影响因素落到此象限;第Ⅳ象限为独立影响因素集,包含 F_{10}、F_{11}、F_{13}、F_{15}、F_{17},这些影响因素的驱动力较大,而且依赖性较小。

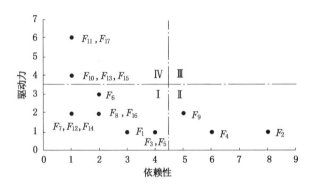

图 4-5   吊装序列方案变更影响因素的驱动力-依赖性模型

4.3.3   吊装序列方案变更影响因素评价与对策

通过分析装配式混凝土结构建筑吊装序列方案变更影响因素体系,建立了有关 17 个影响因素的解释结构模型和驱动力-依赖性模型,后续还将依据具体项目建立对应的中心度-原因度模型。从目前的解释结构模型和驱动力-依赖性模型可读取的信息如下:

(1)根据解释结构模型可知,导致装配式混凝土结构建筑吊装序列方案变更的直接影响因素:目标预制构件安装所需的工作面被其他施工活动所占据,合格的目标预制构件无法按时到达起吊位置,错误的吊装顺序指令,预制构件识别错误,预制构件吊装过程中受损。导致装配式混凝土结构建筑吊装序列方案变更的根本影响因素:场外运输途中个别预制构件损坏,吊装序列方案技术交底不到位,施工管理人员的素质问题,塔吊操作人员的素质问题,施工工人们的素质问题,天气(尤其风速)问题,设计缺陷或构件偏差,预制构件信息跟踪问题。剩下的一些影响因素只起到了中间变量的作用。为了尽可能地减少装配式混凝土结构建筑吊装序列方案的变更,从追本溯源的视角,施工单位应重视预制构件的运输问题,时刻关注预制构件吊装时的天气状况,强化吊装序列方案交底和执行意识,加强施工管理人员以及其他工人们的相关素质培养,与项目的其他单位进行有效沟通,以减少设计缺陷或构件偏差,采用信息技术实现对预制构件的动态跟踪。

(2)根据驱动力-依赖性模型可知,装配式混凝土结构建筑吊装序列方案变更影响因素划分为三大类:自治影响因素集、依赖影响因素集和独立影响因素集。自治影响因素集中因素的影响和被影响较少,治理比较简单;依赖影响因素集中因素的治理效果更多会受到其他因素的影响;独立影响因素集中因素对其他因素的影响较大,需要重点关注和加强管理。从图中驱动力坐标轴视角可知,独立影响因素集中施工管理人员素质问题和预制构件信息跟踪问题的驱动力较大,需要格外关注和加强管理。

4.4 吊装序列方案变更影响因素重要程度分析

4.4.1 影响因素重要程度分析的必要性

通过 ISM-MICMAC 方法建立导致装配式混凝土结构建筑吊装序列方案变更的影响因素的解释结构模型和驱动力-依赖性模型,根据这些模型可以识别出直接因素、中间因素和根本因素,进而确定最强驱动力影响因素和最强依赖性影响因素。然而,企业的资源是有限的,企业需要有针对性地控制影响因素,即关键影响因素优先管控。在解释结构模型中,影响因素所处的层级可以初步体现其重要性;在驱动力-依赖性模型中,某一影响因素的驱动力可根据其作用其他影响因素的数量确定,这在一定程度上能够体现出此影响因素在系统中的重要性。但是,影响因素在系统中的重要程度不仅由该影响因素所处的层级以及能够作用的其他影响因素数量决定,还由该影响因素能够对其他影响因素的作用程度决定。为了能够科学地探索吊装序列方案变更影响因素体系中的关键因素,还需要对解释结构模型和驱动力-依赖性模型细化。

解释结构模型法和交叉影响矩阵相乘法一般不用于确定因素间的相对重要程度,确定因素间相对重要程度的常用方法包括层次分析法(AHP)、模糊综合评价法(FCEM)以及二者的结合等。层次分析法主要依据两两对比的原理确定因素间的相对重要程度,模糊综合评价法主要从整体视角确定各因素的大致重要程度。然而,这两种方法都无法利用已建立的解释结构模型信息和驱动力-

依赖性模型信息,有必要探索一种可以充分利用这些信息的方法以继续确定吊装序列方案变更影响因素间的相对重要程度。

4.4.2 基于 DEMATEL 的影响因素重要程度分析

决策试验和评价实验室法用于影响因素重要度的计算及关键因素的筛选。装配式混凝土结构建筑吊装序列方案变更影响因素体系建立后,决策试验和评价实验室法还需经历以下步骤[163]:建立直接影响矩阵,规范化直接影响矩阵,确立综合影响矩阵,计算影响因素的影响度、被影响度、中心度和原因度,绘制影响因素的因果关系图。

中心度是影响度与被影响度之和,表示某一影响因素的重要性程度;原因度是影响度与被影响度之差,表示某一影响因素与其他影响因素的因果逻辑程度;某一因素的影响度是综合影响矩阵中其对应行的各元素之和;某一因素的被影响度是综合影响矩阵中其对应列的各元素之和[163]。与解释结构模型法不同的是,决策试验和评价实验室法中影响因素间直接影响程度的衡量不采用"无或有"(即 0 或 1),一般借鉴德尔菲法和 Likert Scale 法设定[164]:没有影响、微弱影响、中等影响、强影响、极强影响,分别赋值为 0、1、2、3、4。设直接影响矩阵为 $\boldsymbol{B}$,则矩阵 $\boldsymbol{B}$ 的范化见式(4-9)和式(4-10)[165]。b_{ij} 是直接影响矩阵 $\boldsymbol{B}$ 中的任一元素;$\boldsymbol{S}$ 是规范化的直接影响矩阵。设综合影响矩阵为 $\boldsymbol{C}$,见式(4-11)[165]。$\boldsymbol{S}$ 是规范化的直接影响矩阵;$\boldsymbol{I}$ 为单位矩阵。

$$\boldsymbol{B} = (b_{ij})_{n \times n} = \begin{bmatrix} b_{11} & b_{12} & \cdots & b_{1n} \\ b_{21} & b_{22} & \cdots & b_{2n} \\ \vdots & \vdots & & \vdots \\ b_{n1} & b_{n2} & \cdots & b_{nn} \end{bmatrix}$$

$$(i,j = 1,2,\cdots,n; b_{ij} \in \{0,1,2,3,4\}) \tag{4-9}$$

$$\boldsymbol{S} = \frac{\boldsymbol{B}}{\max\limits_{1 \leqslant i \leqslant m} \sum\limits_{j=1}^{n} b_{ij}}, i = 1,2,\cdots,m \qquad (j = 1,2,\cdots,n) \tag{4-10}$$

$$\boldsymbol{C} = \lim\limits_{k \to \infty}(S^1 + S^2 + \cdots + S^k) = \boldsymbol{S}(\boldsymbol{I} - \boldsymbol{S})^{-1} \tag{4-11}$$

决策试验和评价实验室法不仅要识别吊装序列方案变更影响因素间直接影响关系的有无,而且还要确定每一个影响因素的重要程度。然而,这些影响因素重要程度的确定存在较强的项目依赖性,即同一影响因素在不同装配式混凝土结构建筑项目中的重要程度往往是不同的。因此,在进行基于 DEMATEL 的吊装序列方案变更影响因素重要度分析时,需要依据一个具体的装配式混凝土结构建筑项目才能展示其运作原理,各影响因素重要程度的确定必须由项目上的专家来判断。项目上专家评分流程如图 4-6 所示。

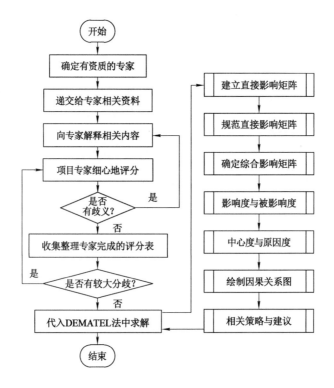

图 4-6　项目上专家评分流程图

① 选取国内某一装配式混凝土结构建筑项目进行实地调研并确定有资质评分的相关专家,专家数量应不少于 3 人。

② 通过初步交流后向专家们提交相关资料并详尽解释资料中的内容,如吊装序列方案变更影响因素的进一步解释、评分规则的进一步解释、重要度含义的进一步解释等。

③ 请求专家仔细地评分,在评分过程中如果专家仍有不理解之处,则需要再次向专家做出解释。

④ 收集整理专家完成的评分表,并听取专家的意见,如果发现专家之间存在较大分歧,则需要把汇总整理的评分结果再次发送给专家请求其改进并提出相关意见,直至分歧程度达到许可范围,或多次咨询后遵循"少数服从多数"的原则整理数据。

　　⑤ 最终的专家评分结果代入 DEMATEL 法中进行求解,即把最终评分结果转变成直接影响矩阵的形式、计算规范化的直接影响矩阵和综合影响矩阵、计算每个影响因素的中心度和原因度、绘制中心度-原因度图、提出对应的策略和建议。

　　基于 DEMATEL 的吊装序列方案变更影响因素重要度分析模型的具体应用将在本书第 6 章介绍。

　　导致吊装序列方案变更的影响因素体系适用于普遍的装配式混凝土结构建筑。当某一具体的装配式混凝土结构建筑项目不受其中个别影响因素影响时,可以把这些个别影响因素删除或者相关参数值设置为零,进而得到与此装配式混凝土结构建筑项目相匹配的吊装序列方案变更影响因素解释结构模型和驱动力-依赖性模型。这是因为解释结构模型法中系统要素间的直接影响关系只分"有"或"无",驱动力仅取决于该要素可以影响的其他要素个数,依赖性仅取决于影响该要素的其他要素个数,驱动力和依赖性的大小不考虑要素间的具体作用程度。与解释结构模型和驱动力-依赖性模型相比,基于 DEMATEL 的吊装序列方案变更影响因素重要度分析模型不仅需要识别影响因素间影响关系的有无,而且还要确定影响因素的重要度,影响因素重要度的确定需要依据一个具体的装配式混凝土结构建筑项目。

4.5　吊装序列方案变更影响因素分析结果集成

　　为了实现装配式混凝土结构建筑吊装序列方案变更影响因素的层次结构关系分析、分类分析和重要度分析等,在解释结构模型法、交叉影响矩阵相乘法、决策试验和评价实验室法有机结合的基础上,提出了基于 ISM-MICMAC-DEMATEL 的影响因素分析方法。在基于 ISM-MICMAC-DEMATEL 的影响因素分析方法中,解释结构模型法、交叉影响矩阵相乘法、决策试验和评价实验室法是层层递进、循序渐进的逻辑关系,虽然这三种方法通过有效的协作能够逐步实现对影响因素的结构关系分析、分类分析和重要度分析,但是这些分析结果显得比较零散。如果能够将所有分析结果集成到一个模型中,则会带来一目了然的效果,给问题解决带来便捷;此外,由于装配式混凝土结构建筑项目间的差异性,导致吊装序列方案变更影响因素在不同项目中的发生概率有所差异,甚至个别影响因素在一些项目中根本不存在,有必要展示各影响因素的发生概率。

鉴于以上问题,本书对吊装序列方案变更影响因素识别与分析做了进一步研究,提出把 ISM-MICMAC-DEMATEL 的求解结果以及各影响因素的发生概率和条件概率集成到解释结构模型上的方法。吊装序列方案变更影响因素的改进解释结构模型如图 4-7 所示。x 表示影响因素的依赖性,y 表示影响因素的驱动力,影响因素的重要度由影响因素的发生概率和条件概率两部分构成,z 表示影响因素 F_0 在影响因素 F_i 发生条件下的发生概率,P 表示影响因素 F_i 发生的概率。根据本章的研究,依赖性 x 和驱动力 y 大小可以确定,但是条件概率 z 和发生概率 P 的大小需要依据具体项目计算。在基于 ISM-MICMAC-DEMATEL 的影响因素分析方法中,吊装序列方案变更影响因素重要度值的判定主要依据专家的经验知识,是基于多方面综合考虑的结果,但是具有较强的主观性。在改进的解释结构模型中,吊装序列方案变更影响因素发生概率和条件概率的统计依据实际数据,具有良好的客观性。

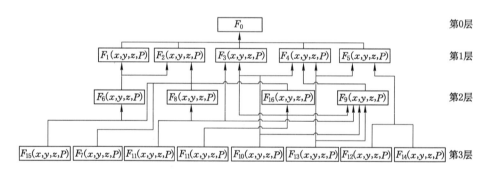

图 4-7 吊装序列方案变更影响因素的改进解释结构模型

装配式混凝土结构建筑吊装序列方案变更影响因素的依赖性和驱动力计算公式已给出,但是发生概率和条件概率的计算公式依然缺乏。由于一些影响因素间关系并非独立,并且为了表达影响因素间的相对重要程度,需要使各影响因素发生概率之和等于 1,所以影响因素的发生概率计算可以参照相似历史项目中各影响因素发生频率的均值。借鉴条件概率公式,吊装序列方案变更影响因素发生概率和条件概率见式(4-12)和(4-13)。m 表示相似历史项目总数,n 表示吊装序列方案变更影响因素总数,x_{ij} 表示第 i 个相似历史项目的第 j 个吊装序列方案变更影响因素的发生次数,y_{ij} 表示第 i 个相似历史项目的第 j 个吊装序列方案变更影响因素发生且吊装序列方案也随之变更的次数,则 P_j 为第 j 个吊装序列方案变更影响因素的发生概率,z_j 为条件概率,即影响因素 F_j 发生的情况下吊装序列方案变更的概率。注意:式(4-12)和式(4-13)需要建立在一定数量的相似历史项目基础上。

$$P_j = P(F_j) = \frac{\sum\limits_{i=1}^{m} x_{ij}}{\sum\limits_{i=1}^{m}\sum\limits_{j=1}^{n} x_{ij}} \qquad (i = 1, 2, \cdots, m; j = 1, 2, \cdots, n) \qquad (4\text{-}12)$$

$$z_j = P(F_0 \mid F_j) = \frac{\sum\limits_{i=1}^{m} y_{ij}}{\sum\limits_{i=1}^{m}\sum\limits_{j=1}^{n} x_{ij}} \qquad (i = 1, 2, \cdots, m; j = 1, 2, \cdots, n)$$

$$(4\text{-}13)$$

4.6　本章小结

本章主要研究了装配式混凝土结构建筑吊装序列方案变更影响因素识别与分析问题。为了解决上述问题,建立了吊装序列方案变更影响因素识别与分析模型。在模型建立过程中,提出了基于文献-调研-咨询的影响因素识别方式,建立了吊装序列方案变更影响因素体系。采用解释结构模型法、交叉影响矩阵相乘法分别分析了吊装序列方案变更影响因素的层次结构关系和分类,提出了避免吊装序列方案变更的若干建议,阐述了基于 DEMATEL 的吊装序列方案变更影响因素重要度分析,为下一步的控制原理研究奠定基础。目前,由于装配式混凝土结构建筑依然处于推广阶段,因此吊装序列方案变更影响因素体系与相关分析需要随着装配式混凝土结构建筑的发展进一步完善。

5

基于 BIM-RFID 的吊装序列方案动态控制

控制往往不是静态的,装配式混凝土结构建筑建造过程中一些影响因素的状态会随着时间发生变化,吊装序列方案的变更现象也时有发生。因此,装配式混凝土结构建筑吊装序列方案的控制不仅是找出影响因素进行分析,而且还应该实现具体的动态控制。前文确定了吊装序列动态控制研究所需的两种支撑性理论方法,即建筑信息模型技术和无线射频识别技术,但是与之匹配的具体理论方法模型并未建立。为了实现装配式混凝土结构建筑吊装序列方案的动态控制和集中式管理,有必要在这些支撑性理论方法的基础上,结合部分装配式混凝土结构建筑项目实践,建立一个具体可行的吊装序列动态控制模型和对应的系统原型,并进行详细的解析。

5.1 基于 BIM-RFID 的吊装序列动态控制模型

在装配式混凝土结构建筑吊装序列方案的管理过程中,对可能导致吊装序列方案变更的影响因素进行识别与分析后,则需要针对分析结果制定出具体的规章制度或控制措施,然后逐一落实这些制度或措施。然而,在装配式混凝土结构建筑建造过程中,很多制度或措施并不是万能和一成不变的,有必要实时掌握每一个吊装序列方案变更影响因素的状态(发生或不发生)并采取临时性的应对措施。因此,面向装配式混凝土结构建筑的吊装序列方案动态控制问题包括两层含义:第一层是控制好影响因素以避免原有吊装序列方案的变更;第二层是在无法避免原有吊装序列方案变更的前提下进行方案调整。

图 5-1 展示了基于 BIM-RFID 的吊装序列方案动态控制模型架构。该架构不仅考虑到事前影响因素的控制行为,而且还考虑到事后方案的动态调整,是一个动态的系统化的管控过程。具体介绍如下:

(1) 吊装序列方案变更影响因素的动态管控

实现对吊装序列方案变更影响因素相关数据的动态搜集是避免影响因素

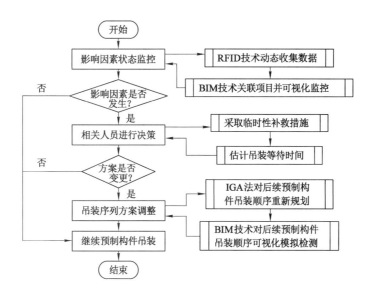

图 5-1 基于 BIM-RFID 的吊装序列动态控制模型架构

发生的先决条件,。对于事前影响因素的控制行为:首先采用无线射频识别技术搜集预制构件的相关数据以实现对吊装序列方案变更影响因素状态的动态监控;然后将相关数据导入到 BIM 以实现与装配式混凝土结构建筑项目的关联,同时可视化模拟每一预制构件的吊装过程;最后通过以上操作及时发现一些隐性的问题,以供相关人员进行决策。如果一些影响因素产生,那么需要采取一些临时性的补救措施以尽可能减少影响因素发生对吊装序列方案变更的影响。

(2)吊装序列方案的动态调整

当一些影响因素未得到有效防治,使得预制构件吊装顺序有误或者目标预制构件吊装等待时间大于设置的阈值时,为了降低整体吊装难度和避免施工过程中的"窝工"现象,有时需要对后续预制构件的吊装顺序进行调整;在进行吊装序列方案的调整时,采用改进遗传算法对后续预制构件的吊装顺序进行重新规划与优化,然后再通过建筑信息模型技术对规划与优化的结果进行可视化模拟检测,确保调整后的吊装序列方案的最优性、科学性和合理性。

装配式混凝土结构建筑吊装序列方案控制成功与否的关键在于信息跟踪,如果能够实时地收集并准确掌握相关信息,那么就有足够的时间采取应对措施把损失降到最低。图 5-1 中的吊装序列动态控制模型使得装配式混凝土结构建筑吊装序列方案始终处于诊断与调整的状态,实现了装配式混凝土结构建筑吊装序列方案的可视化动态控制。

5.2 吊装序列方案变更影响因素动态控制

5.2.1 吊装序列方案变更影响因素相关数据搜集

对识别与分析出的装配式混凝土结构建筑吊装序列方案变更影响因素进行控制,首先应实时掌握与这些影响因素(尤其关键影响因素)相关的数据信息,一旦这些影响因素的负面情况发生,应及时采取应对措施,实现事中甚至事前控制,从而尽可能避免既定吊装序列方案的变更。目前,无线射频识别技术和网络技术的结合可以实现这一需求。网络技术把无线射频识别技术搜集到的相关数据传输到计算机终端,数据中心管理人员可以根据接收到的信息及时做出相应决策并反馈给相关各方,或者把接收到的信息反馈给相关方以供他们决策,如图 5-2 所示。图 5-2 涵盖了预制构件的三个阶段:生产阶段、运输阶段和施工阶段。工厂生产的预制构件内置 RFID 电子标签,电子标签记录了预制构件的身份信息和其它附加信息等数据。由于电子标签内的数据可以被阅读器读写并通过网络技术传输到计算机终端,所以数据中心管理人员在室内就可以实现对预制构件的远程动态跟踪并了解相关影响因素的状态。预制构件的运输车辆也需要安装 RFID 电子标签,这样就可以远程动态跟踪车辆的位置。由于预制构件有对应的运输批次,所以利用无线射频识别技术可以动态掌握预制构件的运输状态。施工现场需要从众多的预制构件识别出目标预制构件并进行吊装,搬运人员可以手持 RFID 终端设备扫描众多预制构件,直至扫描到目标预制构件为止,然后通过网络技术把相关数据传输到计算机终端。同理,目标预制构件安装完毕后,安装人员手持 RFID 终端设备再次扫描目标预制构件,然后把相关数据通过网络技术传输到计算机终端。

在生产阶段、运输阶段或施工阶段,有时需要从众多的预制构件群中识别目标预制构件并记录其所处的状态。尽管采用无线射频识别技术有很多优势,但是采用读写器从预制构件群中识别目标预制构件时会受到其他临近预制构件内电子芯片的干扰。为此,国内外的学者们对无线射频识别技术多标签冲突问题展开研究,创建了一些 RFID 防碰撞算法,如基于 Aloha 的防碰撞算法[166]、

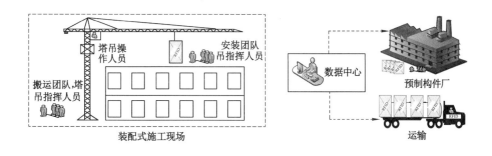

图 5-2　基于 RFID 的预制构件动态数据搜集流程图

基于二进制树的防碰撞算法[167]。与基于 Aloha 的防碰撞算法相比,基于二进制树的防碰撞算法实时性强,识别效率高,应用比较普遍[168],这些特点使得基于二进制树的防碰撞算法非常适合于装配式混凝土结构建筑目标预制构件的识别与筛选。其具体运作原理如下[169-170]:在基于二进制树的防碰撞算法中,读写器发射出的序列号大于标签自身序列号时标签才响应,即标签才把自身序列号发送给读写器;反之,不响应;当读写器发射出最大的序列号"11…1"时,所有标签都会相应并把自身序列号发送给读写器;对比这些序列号中对应位置的元素,如果不同,那么就会在对应位置产生冲突或碰撞,反之,对应位置不会产生冲突或碰撞;因此,标签序列号可以按照从小到大的顺序依次被识别。借鉴侯煜霄(Y. X. Hou)等[171]研究中两个具有不同 ID 的电子标签的信号碰撞原理,图 5-3 展示了两个电子标签信号冲突示例。读写器初次形成的冲突序列号为"10101XXX10101",其中 X 表示冲突位,读写器依次发射出"1010111010101""1010110010101""1010100010101"逐步识别序列号最小的标签并使其休眠,同理,再依次识别其他剩余标签。

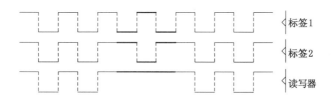

图 5-3　两个电子标签信号冲突示例

5.2.2 基于 BIM-RFID 的预制构件吊装过程监控

(BIM)技术绘制的模型不仅可以实现装配式混凝土结构建筑项目实体与后续相关数据的关联,而且还可以对现场施工情况进行可视化模拟。装配式混凝土结构建筑预制构件的吊装过程可划分为三个阶段:识别阶段、吊运阶段和安装阶段。仅依靠建筑信息模型技术无法动态地模拟装配式混凝土结构建筑现场吊装情况,如果把建筑信息模型技术和无线射频识别技术进行有机结合,则RFID 系统可以把搜集到的相关数据信息发送给 BIM 系统,再由 BIM 系统关联项目实体,从而可以动态、可视化地模拟和监控预制构件实际的现场吊装情况。图 5-4 展示了基于 BIM-RFID 的预制构件吊装过程监控模型,虚线框内表示计算机终端的吊装过程数据处理流程,虚线框之外表示施工现场的吊装过程数据采集流程。

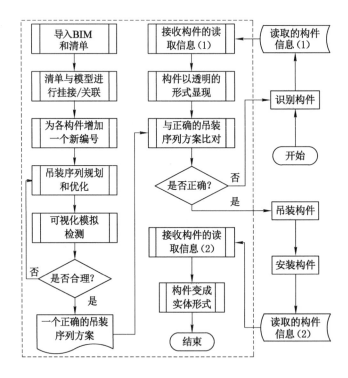

图 5-4　基于 BIM-RFID 的预制构件吊装过程监控模型

① 通过无线射频识别技术识别目标预制构件,并把所读取和记录的相关数据通过网络技术传输到计算机终端以做进一步处理。

② 通过塔式起重机把目标预制构件吊运到安装区域,塔式起重机上也需要安装 RFID 系统,从而记录塔吊臂的运转路径,并且把相关数据传输到计算机终端。

③ 安装工人对到来的目标预制构件进行安装与校正,继而再次使用 RFID 阅读器读取和记录目标预制构件,相关数据依然通过网络技术传输到计算机终端。

在预制构件吊装过程中,现场 RFID 系统实时收集预制构件的状态数据并通过网络技术传输到计算机终端,计算机终端的 BIM 系统根据这些数据可视化模拟装配式混凝土结构建筑的实际施工过程,展示预制构件的实际吊装情况。

"当局者迷,旁观者清",由于施工现场比较混乱,受周围环境的干扰,处于施工现场的相关人员比较容易搞错一些预制构件的吊装顺序,甚至遗漏个别预制构件的安装。然而,基于 BIM-RFID 的预制构件吊装过程监控模型把施工现场的实际吊装情况集成到计算机终端的一个可视化三维视图中,计算机终端监控人员处于施工现场外且不易受到干扰。这样不仅有利于直观地了解装配式混凝土结构建筑施工的实际进展情况,而且还有利于发现吊装过程中的一些错误,计算机终端监控人员可以通过对讲机及时提醒施工现场人员。在基于 BIM-RFID 的预制构件吊装过程监控模型中,预制构件吊装路径的跟踪问题是技术上的难点。因此,本书提出了在塔吊上安装 RFID 系统的方法,此方法可以确定塔吊臂的旋转路径。图 5-5 展示了塔吊上 RFID 系统布置示意图。在塔吊臂上安装一个 RFID 阅读器,塔吊臂下方的平面内需要设置若干个赋有坐标信息的 RFID 电子标签,当塔吊臂旋转到某一电子标签正上方时,就读取此标签中的位置数据,并通过网络技术传输到计算机终端。在三维坐标系中,如果确定预制构件的堆放位置、预制构件的安装位置、塔吊臂的旋转路径、塔吊的调运速度、预制构件的识别时间、预制构件的安装时间后,则可以在计算机终端大致动态模拟预制构件的吊装路径及吊装过程。此方法也有不足之处,即预制构件起吊后真实的详细的吊运过程无法跟踪,能够跟踪的只是起吊和安装两个点,两点之间的调运过程只能根据塔吊臂的旋转路径进行推测性模拟。

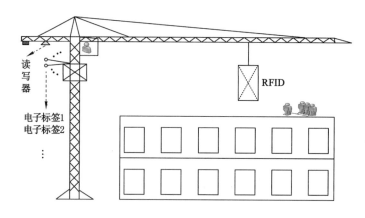

图 5-5　塔吊上 RFID 系统布置示意图

5.3　吊装序列方案可视化动态调整

5.3.1　施工过程中吊装序列方案调整问题分析

在装配式建筑混凝土结构建筑项目施工过程中,有时不得不对原有吊装序列方案进行变更,这势必会降低吊装序列规划的效用。为了尽可能降低这些不利影响,需要在已吊装预制构件的基础上对未吊装预制构件的顺序进行重新规划和优化,即吊装序列方案的调整问题。通过调研一些装配式混凝土结构建筑项目可知,施工管理人员无法提前了解到吊装序列方案是否需要调整。当施工管理人员知晓相关信息后,由于时间的仓促性以及对问题的重视度不足,施工管理人员一般会凭借经验知识对未吊装预制构件的顺序进行临时调整,甚至提前进行其他施工活动,给后续预制构件的吊装增加不必要的难度。此外,当某一施工区域的预制构件布局较复杂时,由于人体大脑的局限性和施工现场的复杂性,施工管理人员仅凭经验很难对未吊装预制构件的吊装序列进行科学、系统调整,这可能会导致后续某些预制构件的吊装比较困难、安装工人过多不必要的走动、现场施工混乱无章,甚至影响施工质量和安全。

综上所述,施工过程中吊装序列方案的调整面临着信息滞后性和调整方法缺失两方面的问题。无线射频识别技术与建筑信息模型技术有机结合的方法可使施工管理人员提前了解到目标预制构件能否按时就位或者对预制构件按时就位的可能性做出评判。根据提前掌握的相关信息,结合施工现场的实际情况,施工管理人员可以做出是否调整某些预制构件吊装顺序的决策。经验知识很重要且在吊装序列方案调整方面具有很高的效率,如果再建立一种能够通过计算机进行吊装序列动态调整的方法,则可以同时兼顾吊装序列方案调整的效率性和系统性。

5.3.2　吊装序列方案可视化动态调整模型构建

当装配式混凝土结构建筑某一楼层或施工区域的目标预制构件无法满足正常的施工条件时,不得不考虑提前吊装后续其他预制构件。图 5-6 展示了吊装序列方案的可视化动态调整原理示意图。

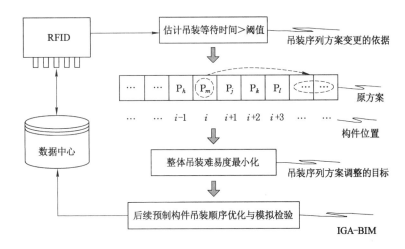

图 5-6　吊装序列方案的可视化动态调整原理示意图

在图 5-6 中,RFID 系统动态地监控预制构件的状态。根据 RFID 系统搜集的数据估计每一预制构件的吊装等待时间,以此作为吊装序列方案变更的依据。如果某一预制构件的吊装等待时间大于所设的阈值,那么需要及时地变更原有吊装序列方案;反之,则按照原有吊装序列方案继续预制构件的吊装。假设某目标预制构件 P_m 无法按时到达起吊位置,初步估计至少在构件 P_j、P_k、P_l 后才能抵达起吊位置。为了解决此问题,仍然以吊装难易度作为吊装序列方案调整的目标函数,采用改进遗传算法进行后续预制构件的吊装序列调整,采用建筑信息模型技术对调整后的吊装序列进行可视化检测,最后对调整后的吊装序列方案进行保存。

吊装序列方案调整问题的关键是目标预制构件何时能够就位以及后续预制构件中哪一构件应优先吊装。为了解决这一关键问题,在吊装序列方案的可视化动态调整原理示意图中依然采用了建筑信息模型技术和改进遗传算法相结合的方式建立了基于 BIM-IGA 的吊装序列方案动态调整方法。采用改进遗传算法进行吊装序列方案动态调整时需要注意以下几点：

① 在种群初始化过程中,需要随机产生一定数量且满足一定逻辑顺序的染色体,染色体与吊装序列方案一一对应,染色体中所有的基因值彼此不同而且部分基因的位置已确定。

② 交叉操作和突变操作也不得不同时考虑这两个约束,即所有基因值不同且部分基因的位置已确定。

③ 目标函数依然是整体吊装难易度,适应度函数取其倒数,目标函数针对的是所有预制构件,而不仅仅是后续未吊装的预制构件,即整体吊装难易度是已吊装预制构件的难易度与未吊装预制构件的难易度之和。

仍以图 3-3 的装配式建筑模型为例,阐释基于 BIM-IGA 的吊装序列方案动态调整方法的合理性和可行性。已知装配式建筑模型总体吊装序列方案为底层楼板、外墙板、内墙板(P_1、P_2、P_3、P_4、P_5、P_6、P_7、P_8)、梁、顶层楼板和楼梯。假设施工过程中预制内墙板 P_1 已经吊装完毕,由于一些偶发的因素使得预制内墙板 P_2 无法按时到达起吊位置,根据 RFID 系统实时收集的数据初步估计预制内墙板 P_2 在所有后续内墙板中最后到达起吊位置,如果等待时间阈值取预制构件吊装的平均时间,那么预制内墙板 P_2 的可能就位时间显然超过了所设置的等待时间阈值。因此,不得不调整既定的吊装序列方案,如图 5-7 所示。

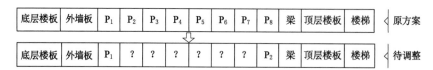

图 5-7　建筑模型中预制内墙板 P_2 吊装顺序被迫变更的示例

在调整后的所有候选吊装序列方案中,预制内墙板 P_1 和 P_2 的吊装顺序是固定不变的,因此只需考虑调整其他预制内墙板的吊装顺序。在基于 BIM-IGA 的吊装序列方案动态调整方法中,改进遗传算法(IGA)仍然被用于求解最优的吊装序列。为了使得原有吊装序列方案与调整后的吊装序列方案具有对比的可行性,在进行吊装序列调整时 IGA 的适应度函数和相关参数的设置与第 3 章相同。采用 Matlab 编程进行 IGA 的计算,运算结果如下:一个最优的吊装序列方案是 P_1、P_8、P_7、P_6、P_5、P_4、P_3、P_2,总的空间惩罚值、距离惩罚值、干涉惩罚值分别为 4.564 1、6.140 0、0，最优适应度值为 0.925 1，最优个体首先出现在第 4 代。与原有吊装序列方案相比，调整后的吊装序列方案适应度函数值降低，说明吊装序列方案的变更将会降低吊装序列方案规划的效用，因此有必要采取措施尽可能避免吊装序列方案变更情况的发生。图 5-8 展示了改进遗传算法在进行方案调整时种群平均适应度与迭代次数的关系，随着迭代次数的增加，种群平均适应度逐渐收敛。以上研究表明，改进的遗传算法在计算终止前已达到成熟，此次运算结果有效。

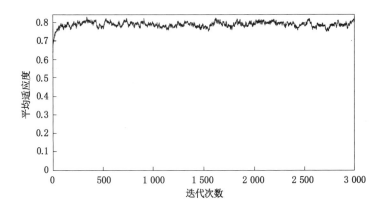

图 5-8　方案调整时种群平均适应度与迭代次数的关系图

在基于 BIM-IGA 的吊装序列方案动态调整方法中，由于建筑信息模型技术能够使相关数据与项目实体更好关联并且具有较好的可视化模拟特性，因此仍然采用 BIM 技术进一步检验吊装序列方案的实际合理性。预制内墙板吊装序列调整后的可视化模拟检测过程如图 5-9 所示。此模拟过程显示了所占空间、距离关系、干涉关系 3 个评价指标间的矛盾冲突。为了使这些冲突最小化，在预制内墙板 P_1 安装后，预制内墙板 P_8 优先吊装，而非预制内墙板 P_3；而且在模拟过程中未出现预制内墙板难以安装，甚至无法安装的现象。因此，装配式剪力墙结构建筑模型的总体吊装序列方案可调整为：底层楼板、外墙板、内墙板（P_1、P_8、P_7、P_6、P_5、P_4、P_3、P_2）、梁、顶层楼板和楼梯。调整后的吊装序列方案将用于指导后续预制构件的吊装。

综上所述，基于 BIM-IGA 的吊装序列方案动态调整方法适用于以下假设情况：当装配式混凝土结构建筑的一些预制构件已经吊装完毕，目标预制构件无法满足正常的施工条件，但其他未吊装的预制构件满足正常的施工条件。与前文的吊装序列方案规划相比，这些前提假设为吊装序列方案动态调整增加了

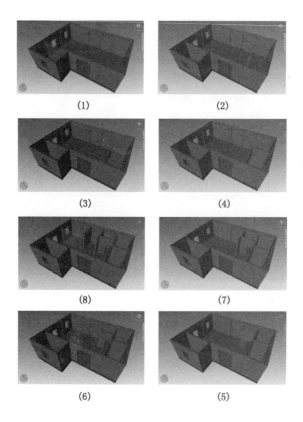

图 5-9　吊装序列方案调整时的可视化模拟检测

很多约束条件。依据改进遗传算法求解吊装序列方案的原理可知,随着约束条件数量的增加,改进遗传算法的运算效益会逐渐降低。为了尽可能减轻这种不利影响,在不增加种群规模和迭代次数的基础上可以把一些已知的满意吊装序列方案加入改进遗传算法的种群初始化中,使得运算结果至少不劣于这些满意方案。因此,基于BIM-IGA 的吊装序列方案动态调整方法只能最大限度地降低方案变更带来的不利影响,而不能从根本上避免这种影响。

5.4　基于 BIM-RFID 的吊装序列控制系统原型

5.4.1　BIM 数据与吊装序列方案关联问题分析

　　装配式混凝土结构建筑吊装序列方案规划或调整后都需要经过建筑信息模型技术的可视化模拟检测。尽管本书建立了吊装序列方案规划或调整的方法,但是这些方法与建筑信息模型技术分属于不同系统,生成的吊装序列方案无法与 BIM 中的预制构件自动关联,仍需要人为设置 BIM 模拟软件中的参数进行吊装过程模拟。这一过程比较耗费时间,而且计算机终端需要运行多个应用软件(或系统),如 Autodesk Revit、Autodesk navisworks、Matlab 等,这一问题将会在很大程度上降低吊装序列方案规划或调整方法的实用价值。如果存在一个集成平台,在此平台上能够运行 BIM 模型以及吊装序列方案规划或调整的方法,规划或调整后的吊装序列方案自动与 BIM 模型关联并进行吊装过程的可视化模拟,这将会在很大程度上提高吊装序列方案生成的效率,有利于吊装序列方案规划或调整方法的实用化。在 BIM 模拟软件中,设置预制构件吊装的逻辑顺序才可以进行装配式混凝土结构建筑吊装过程的模拟,这需要将 BIM 模型与预制构件清单关联;如果再把预制清单与吊装序列方案规划或调整方法关联,那么 BIM 就与吊装序列方案规划或调整方法建立起了直接联系。BIM 数据与吊装序列方案关联的原理如图 5-10 所示。

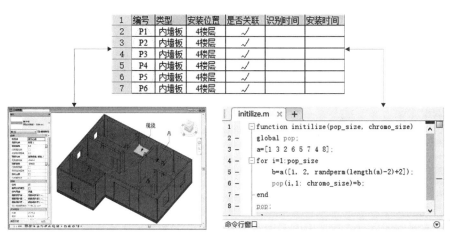

图 5-10 BIM 模型数据与吊装序列方案关联的原理

预制构件清单中的构件编号具有唯一性,是关联 BIM 模型以及吊装序列方案规划或调整方法的唯一识别符;当每次运行吊装序列方案规划或调整方法后,预制构件清单中构件按照新生成的吊装序列方案自动排序,BIM 按照新生成的吊装序列方案自动进行可视化模拟。

5.4.2 BIM 模型数据与 RFID 系统数据关联问题分析

预制构件本身所固有的信息(如编号、类别、位置、几何属性、物料信息等)

可以从其 BIM 中导出,这些信息是确定的且不会随着时间改变。图 5-11 展示了采用建筑信息模型技术绘制的国内某装配式混凝土结构建筑项目预制内墙板及其对应的物料信息。图 5-11 中的 BIM 由国内某预制构件生产企业提供,这不仅能够从三维的视角全方位的展示构件的外形设计,而且可以导出相关明细表。然而,预制构件经过生产、运输、施工等环节后又具有了一些附加信息(如生产信息、运输信息、进场时间、起吊时间、安装时间等),这些附加信息需要在实际过程中随着时间的推移进行动态收集。尽管无线射频识别(RFID)技术可以动态收集预制构件的这些附加信息并通过网络技术传输到计算机终端,但是这又产生了一个新的问题,即计算机终端的工作人员如何把预制构件的这些附加信息与其本身所固有的信息进行集成,然后从集成数据中筛选出与吊装序列方案变更有关的信息,服务于吊装序列方案的控制。

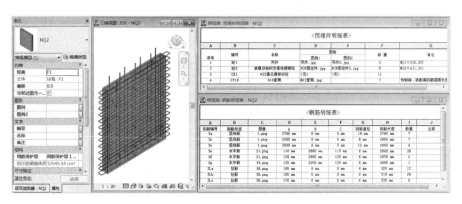

图 5-11　某装配式混凝土结构建筑项目中预制内墙板的物料信息

　　计算机终端 RFID 数据与 BIM 数据的集成问题一直困扰着施工企业,现有的无线射频识别技术和建筑信息模型技术分属于两个独立的系统,二者数据信息的融合与集成更多地依赖于人工方式,费时费力,效率低下。如果无线射频识别技术收集到的数据能够自动关联到 BIM 中,这将会在很大程度上提高相关人员的工作效率,真正实现吊装序列方案控制的实时性和可视化。为此,本书从最基层的表格入手,借鉴数据库领域的知识提出了一个方法,具体如下:使 BIM 模型导出的预制构件自身固有信息表格与后续 RFID 生成的附加信息表格之间建立联系,这样即使附加信息形成的表格再多,也不会影响相关人员办公的效率,而且所有信息自动系统化;计算机终端只需设置一个查询界面,动态展示与吊装序列方案变更有关的预制构件的状态信息,一旦某些吊装序列方案变更影响因素发生,及时反馈给相关决策人员。图 5-12 展示了预制构件固有信息与附加信息表格的集成。其中,预制构件固有信息来自 BIM,生产、运输、施工等附加信息来自无线射频识别技术后期的动态收集。

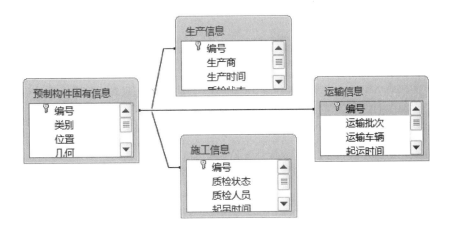

图 5-12　预制构件固有信息与附加信息表格的集成

5.4.3　吊装序列控制系统原型的具体设计

装配式混凝土结构建筑吊装序列规划与控制研究需要及时准确地掌握装配式混凝土结构建筑及其预制构件的相关属性信息,如施工区布局、预制构件尺寸信息以及预制构件的生产、运输、进场堆放、施工等动态信息。为了实现装配式混凝土结构建筑各项相关活动的统一集中式管理以及使本书建立的理论方法模型更加协同有效地发挥效用,提出一个基于 BIM-RFID 的吊装序列控制系统。基于 BIM-RFID 的吊装序列控制系统本质上是一个信息集成平台,能够实时掌握、分析预制构件的信息并做出相应反馈,此系统原型与其他技术间的逻辑关系如图 5-13 所示。

基于 BIM-RFID 的吊装序列控制系统由数据库和应用系统两部分组成,能够兼容建筑信息模型(BIM)技术和无线射频识别(RFID)技术;建筑信息模型技术绘制的 BIM 模型可以描述装配式建筑及其组成预制构件的几何、物理和工程等属性信息;无线射频识别技术识别并读写装配式建筑及其组成预制构件的相关属性信息,所读取的属性信息通过网络技术被传送到计算机终端的应用系统中进行下一步处理,实现对装配式建筑及其组成预制构件的相关活动的动态跟踪。在以往研究的基础上,采用统一建模语言(unified modeling language,

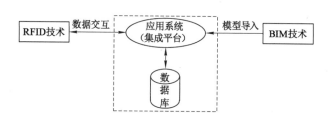

图 5-13　吊装序列控制系统原型与其他技术间的逻辑关系图

UML)建立了基于 BIM-RFID 的吊装序列控制系统用例图,如图 5-14 所示。系统边界内阐述了四个主要用例及其他用例,这些用例间存在着包含关系或扩展关系;其中,四个主要用例对应于系统的四个主要功能模块:吊装序列规划功能、吊装过程监控功能、预制构件跟踪功能和项目案例检索功能。吊装序列规划功能,即通过建立评价函数从所有可行吊装序列方案中选择最优的一个,此功能也可用于施工过程中吊装序列方案的调整;预制构件跟踪功能,即通过无线射频识别技术和网络技术记录、传输、处理、反馈项目各阶段预制构件的相关信息;吊装过程监控功能,即在预制构件跟踪功能的基础上通过建筑信息模型技术实现对预制构件实际吊装过程的动态可视化监控;项目案例检索功能,即从装配式混凝土结构建筑项目案例库中寻找与目标案例相似度最大的历史案例作为参考,从而推理出一个比较满意的吊装序列方案。系统边界外主要阐述了两类参与者:工艺工程师或现场管理者、监控人员。工艺工程师或现场管理者主要使用系统的吊装序列规划功能、项目案例检索功能,监控人员主要使用吊装过程监控功能、预制构件跟踪功能。对于任意系统,参与者系统管理员对应的用例(如权限设置、信息维护)是一致的,因此其未在吊装序列控制系统原型的用例图中进行展示。

　　基于 BIM-RFID 的吊装序列控制系统使得建筑信息模型技术和无线射频识别技术在同一平台上协作,此系统对这两种技术提供的数据信息需要有更好的兼容性。建筑信息模型技术的呈现方式是一系列的 BIM 软件,但是现有 BIM 软件的开发工具和语言往往不尽相同。Autodesk 公司的相关 BIM 软件(如 Revit、Navisworks 等)在世界范围内得到了广泛的应用。Autodesk 公司的相关 BIM 软件一般基于 C♯编程语言,其二次开发也多采用 C♯编程语言和 Visual Studio 开发工具。Visual Studio 是微软推出的应用程序开发环境[172],集成了应用程序生命周期中所需要的多种编程语言和大部分工具,而 Visual C♯仅是

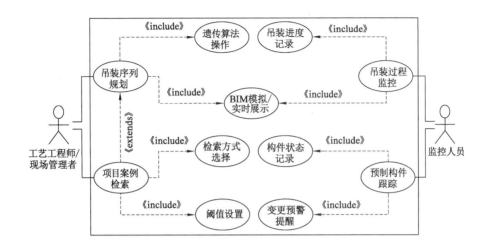

图 5-14 吊装序列控制系统原型的用例图

其中之一。Visual C♯是一种面向对象的编程语言[173]，主要用于开发在.NET Framework 上运行的软件。考虑到技术间的兼容性，基于 BIM-RFID 的吊装序列控制系统中应用程序的研发也采用 Visual Studio 开发工具及其中的 Visual C♯编程语言。通过初步的研究，部分应用程序依然处于原型阶段，所以暂时无法编辑 BIM 模型、兼容 RFID 技术，但是可以与数据库中的一些数据进行交互操作。图 5-15 展示了吊装序列规划功能和吊装过程监控功能所对应的应用程序界面。这些应用程序界面直观化地展示了基于 BIM-RFID 的吊装序列控制系统的运作原理，为其进一步开发奠定了基础。

　　微软发布的关系数据库管理系统 Microsoft Office Access 本质上是一种数据库开发工具，在数据库 Microsoft Jet Database Engine 基础上引进了图形用户界面（GUI），具有可视化、灵活、易用等特点[174]。计算机通过 Microsoft Office Access 建立一个数据库，然后把 Visual Studio 创建的应用程序与 Microsoft Office Access 创建的数据库建立联系。图 5-16 展示了吊装过程监控功能界面与数据库间的数据交互。通过一系列的手动操作使吊装过程监控功能界面与数据库间建立联系，点击运行，应用程序的窗体中显示数据库中的相关数据。

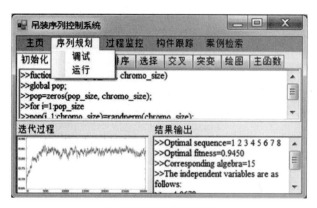

（a）吊装序列规划功能界面

（b）吊装过程监控功能界面

图 5-15 吊装序列控制系统的一些功能模块界面

图 5-16 吊装过程监控功能界面与数据库间的数据交互

5.5　本章小结

　　本章主要研究了装配式混凝土结构建筑建造过程中吊装序列方案的动态控制问题。为了解决此问题，提出了基于 BIM-RFID 的吊装序列动态控制模型。模型中明确了吊装序列动态控制的两层含义，即影响因素的控制和吊装序列方案的调整；建立了吊装序列方案变更影响因素动态控制机制和吊装序列方案可视化动态调整模型，实现对吊装序列方案变更影响因素的动态监控、预制构件吊装的可视化监控、吊装序列方案的可视化调整。最后，在 BIM 系统与RFID 系统集成问题分析的基础上，提出了基于 BIM-RFID 的吊装序列控制系统原型并阐释了此系统原型的运作原理，试图实现装配式混凝土结构建筑吊装序列方案管理的信息化、集成化、规范化。

6

装配式混凝土结构建筑项目案例分析

案例分析有利于理论联系实际,可用于理论方法模型的模拟。在前几章研究的基础上,本章将以国内某一装配式混凝土结构建筑项目为例,首先对建筑项目进行简介并对相关内容进行分析,然后分别对所建立的吊装序列规划理论方法模型和吊装序列控制理论方法模型进行模拟、分析和比较,从而与前几章的研究从逻辑上形成一个反馈机制,对前几章所建立的理论方法模型做进一步的检验和完善,以指导其他装配式混凝土结构建筑项目的相关实践。

6.1 装配式混凝土结构建筑项目概况

6.1.1 项目案例总体概况描述

国内某一装配式混凝土结构建筑项目总占地面积约 11 160 m²,总建筑面积约 64 260 m²,包括三栋高层住宅,采用了模数化、标准化的户型设计,符合工业化住宅设计体系的原则。这三栋高层住宅地上 4 层及以上采用装配整体式剪力墙结构,主要预制构件包括预制外墙、轻质隔墙板、叠合梁、预制叠合板、预制阳台、预制空调板、预制楼梯等,地上 4 层以下采用现场浇筑式施工。其中的某一栋高层住宅,其结构类型为装配整体式剪力墙,预制率和装配率分别超过 50%、70%,5~30 层采用预制标准层,配备一台对应的塔式起重机,所需的预制构件由同一家预制构件厂统一配送;由于施工场地的局限性,预制构件只能采取随到随吊的方式而不能采取现场堆放存储的方式。图 6-1 展示了该高层住宅某一预制标准层的部分结构平面图。由图可知,虽然预制标准层有较高的装配率和预制率,但是预制外墙板间和预制内墙板间依然出现了很多现浇部分。通过咨询项目上的一些相关人员可知,预制标准层中预制构件的吊装顺序需要有一个初步的规划,即现场施工管理人员有一个大体的吊装序列方案,然后按照此方案进行预制构件的吊装。

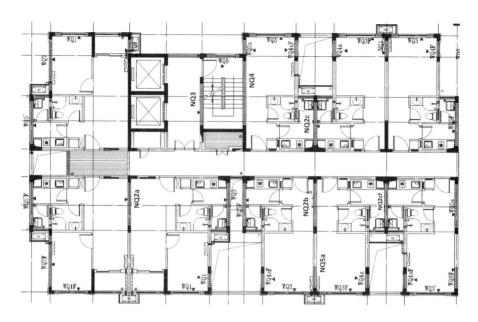

图 6-1 案例中某一预制标准层的部分结构平面图

6.1.2 项目吊装序列方案问题分析

由累加效应可知,吊装序列方案的规划在一个预制标准层中反映的效益可能不够明显,但是此项目包括多栋装配式混凝土结构建筑,且每栋建筑又有25层左右的预制标准层。从整个项目来看,吊装序列方案的规划则可以表现出明显的效益,因此有必要加以重视。通过仔细查阅项目方提供的资料以及咨询此项目上一些专家可知,项目吊装序列方案规划时遵循了以下原则:

① 预制构件吊装尽可能具有连续性。

② 预制标准层中先吊装预制墙体构件再吊装预制叠合梁、叠合板以及楼梯、阳台板等构件。

③ 同类预制构件一般沿着一个方向依次吊装。这些原则很大程度上是依据实践经验形成的共识,虽然具有一定的合理性,但是项目专家们无法阐释或证明由这些原则推导出的吊装序列方案的最优性。

与之相比,基于 BIM-IGA 的吊装序列规划与优化模型在子装配体吊装序列信息树状结构图的基础上提供了评价吊装序列方案优劣的三个柔性指标:所占空间、距离关系和干涉关系。通过此项目案例对基于 BIM-IGA 的吊装序列规划与优化模型进行模拟,并与装配式混凝土结构建筑吊装实践中的一些原则进行对比分析,从而进一步完善此模型。

为了确保项目施工组织方案(包括吊装序列方案)的顺利进行,需要进行相关的控制,一般的控制原则往往是制定一系列的保证措施,如雨季施工保证措施、台风季节施工保证措施、高温季节施工保证措施、构件吊装工艺保证措施、构件运输物流保证措施、构件生产保证措施等。这些保证措施涉及项目生产、运输、施工的全过程,从而尽可能地确保既定的施工组织方案顺利实施。虽然这些保证措施具有一定的合理性,然而企业的资源是有限的,应该进一步探索主要影响因素进行重点控制。通过咨询项目专家可知,由于一些施工条件不满足,在项目实际施工过程中出现了部分施工流程微调的情况,因此施工方有必要实时掌握预制构件的状态,从而为吊装序列方案的调整预留足够的反应时间。通过此项目案例进一步阐述、分析面向装配式混凝土结构建筑的吊装序列方案变更影响因素体系,并对体系中的各影响因素进行重要度分析与评价,从实践的角度阐述与分析基于 BIM-RFID 的吊装序列动态控制模型,从而使之进一步完善。

6.2 装配式混凝土结构建筑项目吊装序列规划

6.2.1 吊装序列方案的评价与选优

如果把图 6-1 中预制标准层的部分结构视为一个子装配体,那么此子装配体吊装序列信息的树状结构图,如图 6-2 所示。根据硬性约束条件可知,如果任意预制外墙板优先于预制内墙板吊装,那么只需要计算预制外墙板间的吊装顺序和预制内墙板间的吊装顺序,从而确定所有预制墙板的吊装顺序,然后采用层层向上推理的方式确定整个子装配体的吊装序列方案。

外墙的布局整体上形成一个闭合回路,这种特殊情况使得预制外墙板最好沿着顺时针方向或逆时针方向依次吊装。在基于 BIM-IGA 的吊装序列规划与优化模型中,吊装序列方案的柔性评价指标为所占空间、距离关系和干涉关系。如果预制外墙板沿着顺时针方向或逆时针方向依次吊装,则可以避免工人们不必要的移动距离以及构件间的干涉。因此,在此基础上只需要考虑所占空间指标对预制外墙板吊装序列方案优劣的影响。与预制外墙板相比,预制内墙板的布局毫无规律可循,因此预制构件沿着顺时针方向或逆时针方向吊装的原则无法适用于预制内墙板。为了确定预制内墙板的吊装序列方案,建立了一个对应

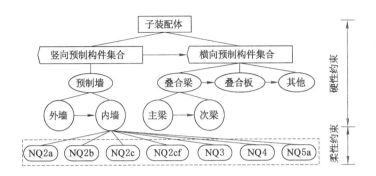

图 6-2 项目案例子装配体吊装序列信息的树状结构图

的 BIM 示意图,如图 6-3 所示。BIM 示意图展示了预制内墙板的设计布局,未对预制外墙板和现浇部分进行详细设计。

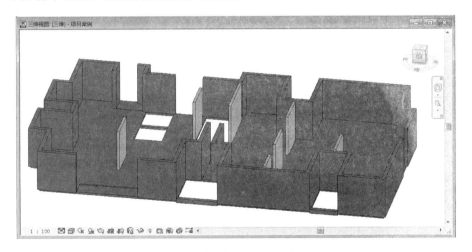

图 6-3 项目案例的 BIM 示意图

根据项目方提供的一些关于装配式混凝土结构建筑项目案例的部分资料,从中整理出与吊装序列方案评价指标体系相关的数据,最终结果见表 6-1。由于预制内墙板间不存在几何上的连接关系且彼此互不影响,因此评价指标体系中的干涉关系未被考虑;同时,由于楼层施工平面上有许多空洞,因此预制内墙板间距离关系的测量应考虑到工人可行的移动路线。

表 6-1　项目案例吊装序列方案评价指标体系的相关数据

指标名称	量化描述
所占空间	$V_{NQ4}=1.48\times V_{NQ2a}=1.48\times V_{NQ2b}=1.48\times V_{NQ2c}=1.48\times V_{NQ2cf}=1.53\times V_{NQ3}=1.90\times V_{NQ5a}$，依据上述关系得到所占空间惩罚值矩阵
距离关系	首先在图纸上测量所有构件间的距离值，然后除以其中最小距离值，得到最终的距离关系惩罚值矩阵。注意：测量过程中应考虑到楼层平面洞口和外墙的干扰
干涉关系	无

　　为了简化预制内墙板吊装序列方案的相关计算，常数 t_0 设置为 1。由于此项目案例中预制内墙板间的干涉关系可以忽略，所以改进遗传算法（IGA）中与干涉关系对应的自变量和参数应删除，而适应度函数中的其他参数（a_{min}，a_{max}）、（b_{min}，b_{max}）需要计算，其计算结果分别为（0，3.75）、（10.08，29.60）。根据项目案例的 BIM 示意图可知，预制内墙板间几何约束关系较弱，几乎不存在干涉关系，所以所占空间权重 u 和干涉关系权重 w 将弱化，而距离关系权重 v 将加强。此处把干涉关系权重 w 的值并入到距离关系权重 v 中以实现加强距离关系权重 v 而相对弱化所占空间权重 u 的目的，因此所占空间权重 u、距离关系权重 v 的值设置为 0.1、0.9。改进遗传算法中参数设置如下：选择精英操作，染色体长度为 7，种群规模设置为 200，迭代次数设置为 1 000，交叉概率设置为 0.95，突变概率设置为 0.05。采用 Matlab 编程运行改进遗传算法，计算结果如下：项目案例预制内墙板的吊装序列为 NQ2a、NQ3、NQ4、NQ2c、NQ2b、NQ5a、NQ2cf，总的空间惩罚值、距离惩罚值分别为 2.810 0、10.080 0，最优适应度值为 0.930 3，最优个体首先出现在第 13 代。改进遗传算法进行吊装序列方案规划时迭代次数与种群平均适应度的关系如图 6-4 所示。种群平均适应度随着迭代次数的增加逐渐收敛，改进遗传算法在计算终止前已达到成熟，因此运算结果是有效的。

　　项目案例中需要规划的预制内墙板数量较少，仅依靠改进遗传算法就能够有效地求解出最优的吊装序列方案。当需要规划的预制内墙板数量比较多时，可行吊装序列方案增多，改进遗传算法不可能对所有可行方案进行检索并比较，可能错失最优甚至次优方案。为了尽可能地减少甚至避免此类问题的发生，可以将一些满意吊装序列方案作为种群初始化的成员，进一步提高改进遗传算法求解吊装序列方案的效率和质量，增强方法的实用性。

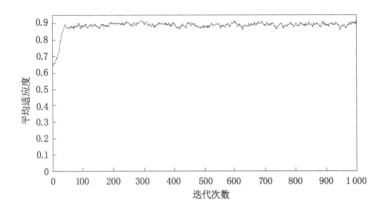

图 6-4 项目案例改进遗传算法迭代次数与种群平均适应度的关系

6.2.2 吊装序列方案的可视化检测

项目案例预制内墙板的吊装序列方案为 NQ2a、NQ3、NQ4、NQ2c、NQ2b、NQ5a、NQ2cf,改进遗传算法确保了此吊装序列方案的最优性。然而,此吊装序列方案的实际合理性仍需要检验。建筑信息模型(BIM)技术具有良好的可视化模拟功能,可用于吊装序列 NQ2a、NQ3、NQ4、NQ2c、NQ2b、NQ5a、NQ2cf 的进一步检验。首先,根据图 6-1 采用 Autodesk Revit 绘制一个示意性的 BIM 模型;其次,把 BIM 导入到 Autodesk Navisworks 中进行可视化模拟,具体模拟过程如图 6-5 所示。依据可视化模拟过程可知,由改进遗传算法求得的吊装序列方案符合项目实际施工中预制构件吊装的一般性原则,而且未发现吊装序列方案存在不合理之处。因此,基于 BIM-IGA 的吊装序列规划与优化模型在实践中具有一定的合理性和价值性,所求得的吊装序列方案至少不劣于仅凭经验知识制订的满意方案。

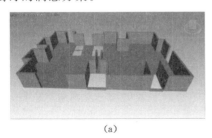
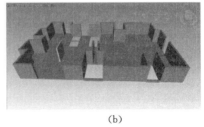

(a)   (b)

图 6-5 项目案例吊装序列方案的可视化模拟检测

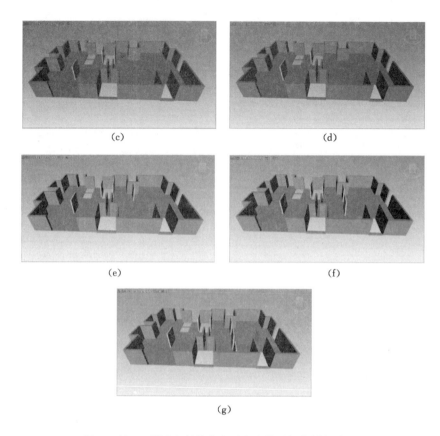

图 6-5(续)　项目案例吊装序列方案的可视化模拟检测

6.3　项目案例吊装序列方案变更影响因素分析

6.3.1　影响因素间结构关系与分类分析

　　装配式混凝土结构建筑在实际施工过程中会出现吊装序列方案变更的现象,识别导致这种现象发生的影响因素并进行分析对吊装序列方案的有效控制至关重要。第 4 章已建立了一个面向装配式混凝土结构建筑的吊装序列方案变更影响因素体系(图 6-6)以及各影响因素间的相互作用关系,继而采用解释结构模型法和交叉影响矩阵相乘法对其分别进行了层次结构关系分析和分类分析,并建立了吊装序列方案变更影响因素解释结构模型和驱动力-依赖性模型,这些研究成果具有一定程度的普适性,因此同样适用于本书的装配式混凝土结构建筑项目案例。吊装序列方案变更影响因素体系中的个别影响因素可能在项目案例中未发生,如预制构件施工现场存储问题等,但这并不会改变其他影响因素间的原有逻辑关系。在实际应用时,只需要去除这些个别影响因素或把其对应数值设置为 0。

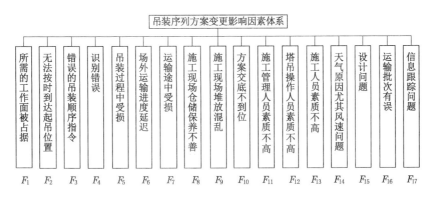

图 6-6 吊装序列方案变更影响因素体系结构示意图

6.3.2 影响因素重要度分析与对策

在解释结构模型法中系统要素间的直接影响关系只分"有"或"无",这很容易导致一些微弱的影响被判为"无",但是在决策试验与评价实验室法中需要识别这些微弱的影响。因此,当邀请相关专家进行系统要素重要度评判时,应提前说明相关情况,使之在已建立的解释结构模型的基础上进行评判;同时,此过程也是对所建立解释结构模型的检验和修正。以国内装配式混凝土结构建筑项目为例,项目不允许预制构件现场堆放存储。项目专家也参与了装配式混凝土结构建筑吊装序列方案变更影响因素体系研究,并给出了影响因素间的初步重要度;对专家们的初步判断进行汇总和整理后,通过微信把初步结果发送给相关专家,请求其对初步结果进行完善和给出相关意见;所有文件返回后,再次汇总和整理每位专家的修改和意见,对于专家们意见的采纳依然采用"少数服从多数"的原则。通过以上方式所建立的项目案例吊装序列方案变更直接影响矩阵见表 6-2。F_i 表示任意一行,F_j 表示任意一列,$\sum$ 表示第 F_i 行各元素之和。由表 6-2 可知,一些影响因素间原理上存在重要的直接作用关系,但是由于这些因素或者这些因素间的关系并未在项目案例中发生,导致这些影响因素间的直接作用关系有所减弱。

表 6-2 项目案例吊装序列方案变更的直接影响矩阵元素 b_{ij}

	F_1	F_2	F_3	F_4	F_5	F_6	F_7	F_8	F_9	F_{10}	F_{11}	F_{12}	F_{13}	F_{14}	F_{15}	F_{16}	F_{17}	Σ
F_1	0	0	0	0	0	0	0	0	0	0	0	0	0	0	0	0	0	0
F_2	0	0	0	0	0	0	0	0	0	0	0	0	0	0	0	0	0	0
F_3	0	0	0	0	0	0	0	0	0	0	0	0	0	0	0	0	0	0
F_4	0	0	0	0	0	0	0	0	0	0	0	0	0	0	0	0	0	0
F_5	0	0	0	0	0	0	0	0	0	0	0	0	0	0	0	0	0	0
F_6	4	4	0	0	0	0	0	0	0	0	0	0	0	0	0	0	0	8
F_7	1	3	0	0	0	0	0	0	0	0	0	0	0	0	0	0	0	4
F_8	0	0	0	0	0	0	0	0	0	0	0	0	0	0	0	0	0	0
F_9	0	0	0	0	0	0	0	0	0	0	0	0	0	0	0	0	0	0
F_{10}	0	0	4	2	0	0	0	0	0	0	0	0	0	0	0	0	0	6
F_{11}	0	0	3	0	0	0	0	0	0	0	0	0	0	0	0	0	0	3
F_{12}	0	0	0	3	0	0	0	0	0	0	0	0	0	0	0	0	0	3
F_{13}	0	0	0	4	1	0	0	0	0	0	0	0	0	0	0	0	0	5
F_{14}	0	0	0	0	1	0	0	0	0	0	0	0	0	0	0	0	0	1
F_{15}	0	2	0	0	0	2	0	0	0	0	0	0	0	0	0	0	0	4
F_{16}	0	4	0	0	0	0	0	0	0	0	0	0	0	0	0	0	0	4
F_{17}	0	0	3	3	0	0	0	0	0	0	0	0	0	0	0	4	0	10

吊装序列方案变更的直接影响矩阵确立后,根据第 4 章提供的规范化直接影响矩阵公式和综合影响矩阵公式,采用 Matlab 编程技术计算出项目案例吊装序列方案变更的综合影响矩阵;然后,再根据此综合影响矩阵建立导致项目案例吊装序列方案变更的各影响因素综合评价表,见表 6-3。$x(F_i)$、$y(F_i)$、$f(F_i)$、$g(F_i)$ 分别表示影响因素 i 的影响度、被影响度、中心度、原因度。影响因素 F_i 的影响度是综合影响矩阵中第 F_i 行各元素之和,影响因素 F_i 的被影响度是综合影响矩阵中第 F_i 列各元素之和;中心度 $f(F_i)$ 是影响度 $x(F_i)$ 与被影响度 $y(F_i)$ 之和,表示影响因素的重要程度;原因度 $g(F_i)$ 是影响度 $x(F_i)$ 与被影响度 $y(F_i)$ 之差,表示该影响因素与其他影响因素的因果逻辑程度。

表 6-3　项目案例吊装序列方案变更的各影响因素综合评价表

指标	F_1	F_2	F_3	F_4	F_5	F_6	F_7	F_8	F_9	F_{10}	F_{11}	F_{12}	F_{13}	F_{14}	F_{15}	F_{16}	F_{17}
$x(F_i)$	0	0	0	0	0	0.8	0.4	0	0	0.6	0.3	0.3	0.5	0.1	0.56	0.4	1.16
$y(F_i)$	0.58	1.54	1	0.9	0.5	0.2	0	0	0	0	0	0	0	0	0	0.4	0
$f(F_i)$	0.58	1.54	1	0.9	0.5	1	0.4	0	0	0.6	0.3	0.3	0.5	0.1	0.56	0.8	1.16
$g(F_i)$	−0.58	−1.54	−1	−0.9	−0.5	0.6	0.4	0	0	0.6	0.3	0.3	0.5	0.1	0.56	0	1.16

　　项目案例吊装序列方案变更的各影响因素综合评价表确立后,分别以表中的中心度、原因度为横轴、纵轴,绘制项目案例吊装序列方案变更影响因素的中心度-原因度图,如图 6-7 所示。中心度表示影响因素的重要程度,某一影响因素的中心度越大,则其重要程度越大[175-176];原因度表示影响因素间的因果关系。如果某一影响因素的原因度为正,则表示此影响因素对其他影响因素的发生有导致作用;反之,其他影响因素对此影响因素的发生有导致作用,原因度绝对值越大影响因素间的因果关系越强[177-178]。

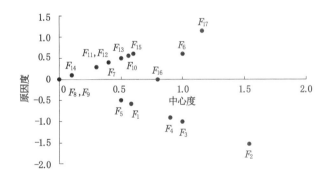

图 6-7　项目案例吊装序列方案变更影响因素的中心度-原因度图

　　在中心度-原因度图的辅助下,进行项目案例吊装序列方案变更影响因素的重要度分析,并制定避免吊装序列方案变更的若干建议,从而为未来相似项目提供参考和借鉴。具体分析和对应建议如下:

　　(1)中心度坐标轴视角下的分析和建议

　　"F_2＝合格的目标预制构件无法按时到达起吊位置"在 17 个影响因素中的重要程度最高,即应优先对此影响因素进行分析与管控,以减少甚至避免吊装序列方案的变更。但是,"F_2＝合格的目标预制构件无法按时到达起吊位置"是导致吊装序列方案变更的直接影响因素而不是根本影响因素,即"F_2＝合格的目标预制构件无法按时到达起吊位置"的出现是以其他影响因素的发生为前提的。仅次于"F_2＝合格的目标预制构件无法按时到达起吊位置"的是"F_{17}＝预制构件信息跟踪问题"，且"F_{17}＝预制构件信息跟踪问题"还是导致"F_2＝合格的目标预制构件无法按时到达起吊位置"出现以及吊装序列方案变更的根本影响因素。

（2）原因度坐标轴视角下的分析和建议

"F_{17}＝预制构件信息跟踪问题"的原因度为正且在 17 个影响因素中最高，这意味着"F_{17}＝预制构件信息跟踪问题"的发生将会导致其他影响因素的发生，而且这种导致关系比较强，所以应优先对影响因素 F_{17} 进行分析与管控；"F_2＝合格的目标预制构件无法按时到达起吊位置"的原因度为负且在 17 个影响因素中最低，这意味着"F_2＝合格的目标预制构件无法按时到达起吊位置"的发生依赖于其他影响因素的发生，而且这种依赖关系比较强。其他影响因素的原因度处在 F_{17} 和 F_2 之间。

综上所述，当项目案例不允许预制构件现场堆放存储时，其吊装序列方案变更影响因素的控制应以"F_2＝合格的目标预制构件无法按时到达起吊位置"和"F_{17}＝预制构件信息跟踪问题"这两个影响因素为重点，其次是"F_6＝预制构件场外运输进度延迟"以及其他影响因素。

6.4　装配式混凝土结构建筑项目吊装序列控制

6.4.1　吊装序列方案变更影响因素控制

施工企业总是渴望采用更加先进的技术以提高自身的信息化水平，从而强化施工过程的管控。此装配式混凝土结构建筑项目案例采用二维条码技术记录和收集预制构件的相关数据信息，条码打印在纸质载体上，然后再粘贴到预制构件外表面。这种二维条码技术可以使用手机中的一些软件进行扫描并读取相关信息。根据实地现场调研发现，二维条码技术虽然具有很多优势却也存在以下缺点：

① 外露纸质二维条码不易保存；

② 预制构件的数据无法进行改写；

③ 二维条码技术采用光学识别，在建筑装修环节中纸质二维条码易被掩盖。

为了解决此问题,本书第 5 章建立了基于 RFID 的预制构件动态数据搜集模型,主要原因是 RFID 技术具有以下优势:

① RFID 技术采用无线电磁识别,电子标签内置于预制构件内部,相关数据信息易于保存;

② 电子标签内的数据可以被阅读器读取和改写;

③ 便于预制构件数据信息的采集和动态跟踪。

无线射频识别技术与二维条码技术相比具有更强的适应性。项目案例在装配式施工过程中也使用了 BIM 技术,BIM 技术在三维建模和可视化动态展示等方面得到了充分应用,我们认为这是一个很大的进步。如果能够把 RFID 技术和 BIM 技术结合,那么就可以实现预制构件吊装过程的可视化动态监控。在这一过程中,BIM 技术用于可视化模拟,RFID 技术用于数据的动态收集。基于 BIM-RFID 集成平台建设技术间逻辑关系如图 6-8 所示。采用 RFID 技术取代二维条码技术进行相关数据的采集,通过 BIM 技术进行项目关联;集成平台包括应用系统和数据库两部分,数据库存储数据,应用系统展示存储的数据。

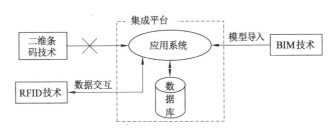

图 6-8　集成平台建设技术间逻辑关系

6.4.2　吊装序列方案的可视化动态调整

由于装配式混凝土结构建筑建造过程中可能会出现吊装序列方案变更的情况,因此现场施工管理人员面临着如何对吊装序列方案进行科学、合理、及时地调整。为了解决此问题,首先需要通过无线射频识别技术及时了解到详细信息,然后再依据具体情况采取合适的方法进行吊装序列方案调整。以图 6-1 中的项目为例,已知装配式剪力墙结构建筑项目预制内墙板吊装序列方案 NQ2a、NQ3、NQ4、NQ2c、NQ2b、NQ5a、NQ2cf,假设此项目案例施工过程中出现了目标预制构件识别错误的情况,使得内墙板 NQ3 的吊装顺序被另一内墙板 NQ2b 替代,即预制内墙 NQ2a、NQ2b 已吊装完毕,如图 6-9 所示。除预制内墙板

NQ2a、NQ2b 外,其他预制内墙板的吊装顺序需要重新规划,假设预制内墙板 NQ3 已抵达施工现场且可随时吊装。

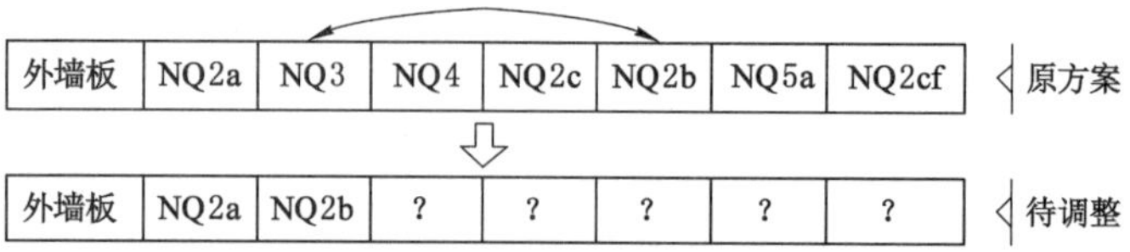

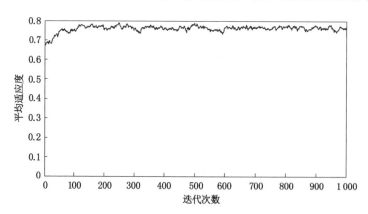

图 6-9　项目案例中一个假设吊装序列变更的例子

　　在调整后的所有候选吊装序列方案中,预制内墙板 NQ2a 和 NQ2b 的吊装顺序是固定不变的。在此前提下,只需调整其他未吊装预制内墙板的吊装顺序,并且预制内墙板 NQ3 的位置没有限制。改进遗传算法(IGA)用于规划和优化未吊装预制构件的吊装顺序。改进遗传算法相关参数值设置为:精英选择,种群规模为 200,迭代次数为 1 000,交叉概率为 0.95,突变概率为 0.05。采用 Matlab 编程进行运算求解,运算结果如下:其中,一个最优的吊装序列方案为 NQ2a、NQ2b、NQ5a、NQ2cf、NQ2c、NQ4、NQ3。总的空间惩罚值、距离惩罚值分别为 2.760 0、13.790 0,最优适应度值为 0.803 4,最优个体首先出现在第 1 代。图 6-10 展示了改进遗传算法在进行方案调整时迭代次数与种群平均适应度的关系。由迭代次数与平均适应度的关系可知,随着迭代次数的增加,种群平均适应度逐渐收敛,这意味着改进的遗传算法在计算终止前已达到成熟。

图 6-10　项目案例吊装序列调整下迭代次数与种群平均适应度的关系

　　BIM 技术已被许多施工企业采用,并成为施工企业办公系统的一部分。项目案例中调整后的吊装序列方案依然通过建筑信息模型技术进行可视化模拟,从而进一步检测其最优性和合理性。在 BIM 中，按照调整后的吊装序列方案设置预制构件吊装模拟的次序，然后进行可视化模拟，直观地观测预制构件吊装过程中是否存在冲突。项目案例吊装序列方案调整后的可视化模拟检测过程如图 6-11 所示。根据模拟过程可知，后续预制构件的吊装在所占空间关系与距离关系间存在冲突，但是这些冲突只能最小化却无法避免，可视化模拟结果显示了调整后的吊装序列方案的合理性。此外，项目案例的多次相关阐述也在一定程度上说明了吊装序列方案评价指标的权重不是一成不变的，而是需要依据项目的实际情况做出相应的修改，从而更加合理地进行吊装序列方案的规划与调整。

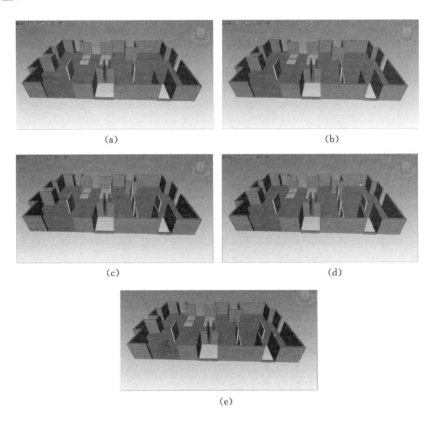

图 6-11 项目案例吊装序列方案调整后的可视化模拟检测

6.4.3 吊装序列控制系统原型的展示

施工企业往往有多套系统，而这些系统间彼此独立，降低了信息沟通的效率,同时增加了信息管理的难度。这些系统之间的集成问题正引起施工企业的重视。基于 BIM-RFID 的吊装序列控制系统试图把施工企业中的 BIM 系统与 RFID 系统进行集成,实现对装配式混凝土结构建筑吊装过程的集中式管理。虽然基于 BIM-RFID 的吊装序列控制系统还处于原型阶段,但是通过此项目案例可以展示其应具有的部分功能,希望为施工企业带来一些启示,从而促进系统的进一步研发。图 6-12 从项目案例视角展示了吊装序列控制系统的部分窗口,窗口对应吊装过程监控功能模块,包括一个 BIM 模型、一个构件集列表、一个对应的清单;其中 BIM 展示构件安装的情况,实体表示预制构件已安装,透明表示预制构件即将安装。

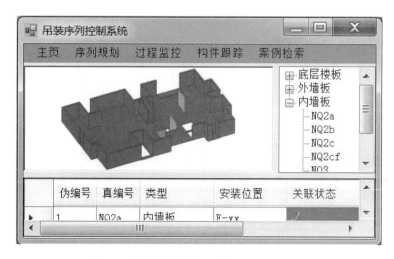

图 6-12　吊装序列控制系统原型的功能展示

6.5　本章小结

本章通过国内某一装配式混凝土结构建筑项目案例模拟、分析、对比了前几章所建立的基于 BIM-IGA 的吊装序列规划与优化模型、基于 DEMATEL 的影响因素重要程度分析模型、基于 BIM-RFID 的吊装序列动态控制模型,对这些理论方法模型做进一步的检验,从而使其更加完善。在项目案例分析过程中,部分内容的阐述采用了对比方式以展示所建立的理论方法模型的优势。此外,项目案例分析使得此项目零散的吊装序列规划与控制经验知识系统化、理论化,从而指导后续相关项目的实践。

7

主要研究结论

通过查阅国内外一些著名的文献库和调研国内一些工程项目可知,装配式混凝土结构建筑的吊装序列规划与控制问题具有一定的新度并受到关注。本书以装配式混凝土结构建筑为研究对象,围绕其吊装序列规划与控制问题进行了系统性的研究和阐述,综合运用层次树模型技术、建筑信息模型技术、改进遗传算法、影响因素分析方法、无线射频识别技术等具体地研究了吊装序列规划与优化、吊装序列方案变更影响因素识别与分析、吊装序列动态控制,从而提出了一些具有一定新度的理论、方法和模型:

7.1 主要结果和创新点

(1) 提出了吊装序列规划与控制的内涵,通过对遗传算法改进,构建了吊装序列规划与控制理论方法协同运作流程图

为了遵循"染色体中每个基因值唯一且不重复"的原则,对遗传算法求解步骤中的一些方法进行筛选、组合,主要体现在编码方式选取实数编码法、交叉方式选取单点匹配交叉法、突变方式选取交换突变法等方面,使改进后的遗传算法适应于装配式混凝土结构建筑的吊装序列规划问题;明确了层次树模型技术、建筑信息模型技术、改进遗传算法、影响因素分析方法、无线射频识别技术等理论方法间的协作关系。

(2) 提出了基于 BIM-IGA 的吊装序列规划与优化模型

在此模型中,建立了装配式混凝土结构建筑某一楼层或施工区域的吊装序列信息树状图,明确了已知的吊装顺序和未知的吊装顺序,减少了吊装序列方案求解的复杂性;确立了判断吊装序列方案优劣的 3 个柔性评价指标,设计了基于惩罚值原理的各评价指标函数以及基于权重原理的目标函数;结合了建筑信息模型技术和改进遗传算法,从可视化和最优化视角解决了某一楼层或施工区域的同类别预制构件吊装序列规划与优化问题;针对某一楼层或施工区域的同

类别预制构件数量较多的特殊情况,提出了基于 CBR 的吊装序列满意方案求解方法,求解出的满意吊装序列方案加入改进遗传算法初始种群中,进一步提高了改进遗传算法的求解效率和质量,降低了错失最优吊装序列方案的可能性。

(3) 建立了吊装序列方案变更影响因素识别与分析模型

在此模型中,考虑到装配式混凝土结构建筑项目较少、所研究问题专业性较强,构建了基于文献-调研-咨询的影响因素识别方式;识别了 17 个可能导致装配式混凝土结构建筑吊装序列方案变更的影响因素,并进一步解释了这 17 个影响因素;建立了基于 ISM-MICMAC-DEMATEL 的影响因素分析方法,揭示了吊装序列方案变更影响因素的层次结构、分类以及重要度,从中发现了一些根本的关键的影响因素,提出了对应的策略和建议,指明吊装序列方案控制的方向,降低吊装序列方案变更的可能性;提出并详述了在基于 ISM-MICMAC-DEMATEL 的影响因素分析方法基础上把所有分析结果、发生概率和条件概率集成到解释结构模型中的方法,改变了以往分析结果比较零散的现象。

(4) 建立了基于 BIM-RFID 的吊装序列动态控制模型

在此模型中,构建了吊装序列方案变更影响因素的动态控制机制,采用无线射频识别技术而不是二维条码技术实现吊装序列方案变更影响因素数据的实时收集,采用建筑信息模型技术实现装配式混凝土结构建筑项目的关联和吊装过程的可视化监控;提出了吊装序列方案的动态调整模型,以改善吊装序列方案调整的效用、降低吊装序列方案变更造成的损失;构建了一个基于 BIM-RFID 的吊装序列控制系统原型,阐述了此系统的功能模块、应用程序及数据库设计,为装配式混凝土结构建筑吊装序列方案的集中式管理奠定基础。

7.2 后续研究方向

本书对装配式混凝土结构建筑的吊装序列规划与控制问题进行了一定深度的研究,建立了一些相应的理论、方法和模型,具有一定的理论和实践价值。虽然取得了一定的研究成果,但是装配式混凝土结构建筑吊装序列规划与控制相关理论方法模型的完善是一个长期的系统的过程,仍有很多问题需要更加深入的研究,本书研究的不足之处以及今后进一步的研究方向如下:

(1) 完善基于 CBR 的吊装序列满意方案求解方法

在基于 CBR 的吊装序列满意方案求解方法中,总结了装配式混凝土结构建筑某一楼层或施工区域的常见基本平面布置类型、预制内墙板的五种基本连接类型,提出了基于非劣解思想的案例检索函数,但是此方法的求解质量取决于相似项目案例的数量和质量,因此,下一步将对装配式混凝土结构建筑项目案例库构建进行研究。

(2)完善面向吊装序列方案变更影响因素的改进解释结构模型

在改进解释结构模型中,提出了把吊装序列方案变更影响因素的所有分析结果、条件概率和发生概率集成到经典解释结构模型中的方法,但是这需要足够的装配式混凝土结构建筑项目案例,所以今后将继续研究此方法及其验证。

(3)进一步研发基于BIM-RFID的吊装序列控制系统

基于BIM-RFID的吊装序列控制系统理论上可以实现吊装序列方案的集中式管理,但是其还处于概念设计阶段,今后将与软件开发团队合作研发系统中的具体功能。

参 考 文 献

[1] MA H Q, PENG Q J, ZHANG J, et al. Assembly sequence planning for open-architecture products [J]. The international journal of advanced manufacturing technology, 2018, 94(5): 1551-1564.

[2] QU S P, JIANG Z H, TAO N R. An integrated method for block assembly sequence planning in shipbuilding [J]. The international journal of advanced manufacturing technology, 2013, 69(5): 1123-1135.

[3] 钟艳如, 姜超豪, 覃裕初, 等. 基于本体的装配序列的自动生成[J]. 计算机集成制造系统, 2018, 24(6): 1345-1356.

[4] DE AMICIS R, CERUTI A, FRANCIA D, et al. Augmented reality for virtual user manual[J]. International journal on interactive design and manufacturing (IJIDeM), 2018, 12(2): 689-697.

[5] ÖZMEN Ö, BATBAT T, ÖZEN T, et al. Optimum assembly sequence planning system using discrete artificial bee colony algorithm [J]. Mathematical problems in engineering, 2018, 2018: 1-14.

[6] TIAN G D, ZHOU M C, LI P G. Disassembly sequence planning considering fuzzy component quality and varying operational cost[J]. IEEE transactions on automation science and engineering, 2018, 15(2): 748-760.

[7] YU J P, ZHANG J H. Hierarchical exploded view generation based on recursive assembly sequence planning [J]. The international journal of advanced manufacturing technology, 2017, 93(1): 1207-1228.

[8] SALUNKHE S, PANGHAL D, KUMAR S, et al. An expert system for process planning of sheet metal parts produced on compound Die for use in stamping industries [J]. Sadhana-academy proceedings in engineering sciences, 2016, 41(8): 901-907.

[9] SWAMINATHAN A, BARBER K S. An experience-based assembly

sequence planner for mechanical assemblies[J]. IEEE transactions on robotics and automation,1996,12(2):252-267.

[10] HADJ R B,BELHADJ I,TRIGUI M,et al. Assembly sequences plan generation using features simplification[J]. Advances in engineering software,2018,119:1-11.

[11] SU Q. Applying case-based reasoning in assembly sequence planning[J]. International journal of production research,2007,45(1):29-47.

[12] HSU H. Solving feeder assignment and component sequencing problems for printed circuit board assembly using particle swarm optimization[J]. IEEE transactions on automation science and engineering,2017,14(2): 881-893.

[13] LU C,LI J Y. Assembly sequence planning considering the effect of assembly resources with a discrete fireworks algorithm[J]. The international journal of advanced manufacturing technology,2017,93(9):3297-3314.

[14] CAO H,MO R,WAN N,et al. An intelligent method to generate liaison graphs for truss structures[J]. Proceedings of the institution of mechanical engineers, part B:journal of engineering manufacture,2018,232(5):889-898.

[15] YU B,WU E,CHEN C,et al. A general approach to optimize disassembly sequence planning based on disassembly network:a case study from automotive industry[J]. Advances in production engineering & management,2017,12(4): 305-320.

[16] 付宜利,田立中,谢龙,等.基于有向割集分解的装配序列生成方法[J].机械工程学报,2003,39(6):58-62.

[17] SEO Y H,SHEEN D,KIM T. Block assembly planning in shipbuilding using case-based reasoning[J]. Expert systems with applications,2007,32 (1):245-253.

[18] LUO C,WANG X,SU C,et al. A fixture design retrieving method based on constrained maximum common subgraph[J]. IEEE transactions on automation science and engineering,2018,15(2):692-704.

[19] ZHU W M,FAN X M,TIAN L,et al. An integrated simulation method for product design based on part semantic model[J]. The international journal of advanced manufacturing technology,2018,96(9):3821-3841.

[20] ABIDI M H, AL-AHMARI A M, AHMAD A, et al. Semi-immersive virtual turbine engine simulation system[J]. International journal of turbo & jet-engines,2018,35(2):149-160.

[21] XIAO H, DUAN Y G, ZHANG Z B. Mobile 3D assembly process information construction and transfer to the assembly station of complex products[J]. International journal of computer integrated manufacturing, 2018,31(1):11-26.

[22] BUZJAK D, KUNICA Z. Towards immersive designing of production processes using virtual reality techniques[J]. Interdisciplinary description of complex systems,2018,16(1):110-123.

[23] SHAO Q, XU T, YOSHINO T, et al. Optimization of the welding sequence and direction for the side beam of a bogie frame based on the discrete particle swarm algorithm[J]. Proceedings of the institution of mechanical engineers, part B: journal of engineering manufacture,2018, 232(8):1423-1435.

[24] CHE Z H. A multi-objective optimization algorithm for solving the supplier selection problem with assembly sequence planning and assembly line balancing[J]. Computers & industrial engineering,2017,105:247-259.

[25] MAADI M,JAVIDNIA M,RAMEZANI R. Modified cuckoo optimization algorithm (MCOA) to solve precedence constrained sequencing problem (PCSP)[J]. Applied intelligence,2018,48(6):1407-1422.

[26] TSENG H E, CHANG C C, LEE S C, et al. A block-based genetic algorithm for disassembly sequence planning[J]. Expert systems with applications,2018,96:492-505.

[27] LI X,SHANG J Z,CAO Y J. An efficient method of automatic assembly sequence planning for aerospace industry based on genetic algorithm[J]. The international journal of advanced manufacturing technology,2017,90 (5):1307-1315.

[28] LI X Y,QIN K,ZENG B,et al. A dynamic parameter controlled harmony search algorithm for assembly sequence planning[J]. The international journal of advanced manufacturing technology,2017,92(9):3399-3411.

[29] LI X Y,QIN K,ZENG B,et al. Assembly sequence planning based on an

improved harmony search algorithm[J]. The international journal of advanced manufacturing technology,2016,84(9):2367-2380.

[30] REN Y P,TIAN G D,ZHAO F,et al. Selective cooperative disassembly planning based on multi-objective discrete artificial bee colony algorithm [J]. Engineering applications of artificial intelligence,2017,64:415-431.

[31] AB RASHID M F F. A hybrid Ant-Wolf Algorithm to optimize assembly sequence planning problem[J]. Assembly automation, 2017, 37(2): 238-248.

[32] LU C,YANG Z. Integrated assembly sequence planning and assembly line balancing with ant colony optimization approach[J]. The international journal of advanced manufacturing technology,2016,83(1):243-256.

[33] CHEN W C,TAI P H,DENG W J,et al. A three-stage integrated approach for assembly sequence planning using neural networks[J]. Expert systems with applications,2008,34(3):1777-1786.

[34] GHANDI S,MASEHIAN E. Assembly sequence planning of rigid and flexible parts[J]. Journal of manufacturing systems,2015,36:128-146.

[35] WANG B X,GUAN Z L,ULLAH S,et al. Simultaneous order scheduling and mixed-model sequencing in assemble-to-order production environment:a multi-objective hybrid artificial bee colony algorithm[J]. Journal of intelligent manufacturing,2017,28(2):419-436.

[36] KARTHIK G V S K,DEB S. A methodology for assembly sequence optimization by hybrid cuckoo-search genetic algorithm[J]. Journal of advanced manufacturing systems,2018,17(1):47-59.

[37] WANG D,SHAO X D,LIU S M. Assembly sequence planning for reflector panels based on genetic algorithm and ant Colony optimization [J]. The international journal of advanced manufacturing technology, 2017,91(1):987-997.

[38] LI J R,WANG Q H,HUANG P. An integrated disassembly constraint generation approach for product design evaluation[J]. International journal of computer integrated manufacturing,2012,25(7):565-577.

[39] LU C,WONG Y S,FUH J H. A web-based assembly planning approach [J]. Proceedings of the institution of mechanical engineers, part B:

journal of engineering manufacture,2008,222(3):427-440.

[40] ZHAO S,HONG J,ZHAO H,et al. Research on assembly sequence planning method for large-scale assembly based on an integrated assembly model[J]. Proceedings of the institution of mechanical engineers, part B: journal of engineering manufacture,2012,226(4):733-744.

[41] TSENG Y,KAO H,HUANG F Y. Integrated assembly and disassembly sequence planning using a GA approach[J]. International journal of production research,2010,48(20):5991-6013.

[42] IWANKOWICZ R. An efficient evolutionary method of assembly sequence planning for shipbuilding industry[J]. Assembly automation, 2016,36(1):60-71.

[43] LI P Y,CUI J,GAO F,et al. Research on the assembly sequence of a ship block based on the disassembly interference matrix[J]. Journal of ship production and design,2015,31(4):230-240.

[44] TEZEL A,NIELSEN Y. Lean construction conformance among construction contractors in Turkey[J]. Journal of management in engineering,2013,29(3): 236-250.

[45] AKMAM SYED ZAKARIA S, GAJENDRAN T, ROSE T, et al. Contextual,structural and behavioural factors influencing the adoption of industrialised building systems:a review[J]. Architectural engineering and design management,2018,14(1/2):3-26.

[46] BOAFO F E, KIM J H, KIM J T. Performance of modular prefabricated architecture:case study-based review and future pathways[J]. Sustainability, 2016,8(6):558.

[47] ZABIHI H,HABIB F,MIRSAEEDIE L. Definitions,concepts and new directions in Industrialized Building Systems (IBS)[J]. KSCE journal of civil engineering,2013,17(6):1199-1205.

[48] LACEY A W,CHEN W S,HAO H,et al. Structural response of modular buildings - An overview[J]. Journal of building engineering,2018,16:45-56.

[49] CHOU J,YEH K. Life cycle carbon dioxide emissions simulation and environmental cost analysis for building construction[J]. Journal of cleaner production,2015,101:137-147.

[50] LOPES G C, VICENTE R, AZENHA M, et al. A systematic review of prefabricated enclosure wall panel systems: focus on technology driven for performance requirements[J]. Sustainable cities and society, 2017, 40: 688-703.

[51] HWANG B, SHAN M, LOOI K. Key constraints and mitigation strategies for prefabricated prefinished volumetric construction [J]. Journal of cleaner production, 2018, 183: 183-193.

[52] O'NEILL D, ORGAN S. A literature review of the evolution of British prefabricated low-rise housing [J]. Structural survey, 2016, 34 (2): 191-214.

[53] GODBOLE S, LAM N, MAFAS M, et al. Dynamic loading on a prefabricated modular unit of a building during road transportation[J]. Journal of building engineering, 2018, 18: 260-269.

[54] ZHU H, HONG J K, SHEN G Q, et al. The exploration of the life-cycle energy saving potential for using prefabrication in residential buildings in China[J]. Energy and buildings, 2018, 166: 561-570.

[55] KURAMA Y C, SRITHARAN S, FLEISCHMAN R B, et al. Seismic-resistant precast concrete structures: state of the art [J]. Journal of structural engineering, 2018, 144(4): 03118001.

[56] LIU Y L, WANG Y S, FANG G H, et al. A preliminary study on capsule-based self-healing grouting materials for grouted splice sleeve connection [J]. Construction and building materials, 2018, 170: 418-423.

[57] SRISANGEERTHANAN S, JAVAD HASHEMI M, RAJEEV P, et al. Numerical study on the effects of diaphragm stiffness and strength on the seismic response of multi-story modular buildings [J]. Engineering structures, 2018, 163: 25-37.

[58] 纪颖波. 建筑工业化发展研究[M]. 北京: 中国建筑工业出版社, 2011: 13-26.

[59] JIANG R, MAO C, HOU L, et al. A SWOT analysis for promoting off-site construction under the backdrop of China's new urbanisation[J]. Journal of cleaner production, 2018, 173: 225-234.

[60] HUANG C, WONG C K. Optimization of crane setup location and

servicing schedule for urgent material requests with non-homogeneous and non-fixed material supply[J]. Automation in construction,2018,89：183-198.

[61] NADOUSHANI Z S M, HAMMAD A W A, AKBARNEZHAD A. Location optimization of tower crane and allocation of material supply points in a construction site considering operating and rental costs[J]. Journal of construction engineering and management-asce, 2017, 143(1):04016089.

[62] 李迪,王朝阳,蒋官业,等.超高层建筑施工中塔吊的合理应用[J].工业建筑,2012,42(12):76-80.

[63] HUNG W, LIU C, LIANG C, et al. Strategies to accelerate the computation of erection paths for construction cranes[J]. Automation in construction,2016,62:1-13.

[64] CAI P P, CAI Y Y, CHANDRASEKARAN I, et al. Parallel genetic algorithm based automatic path planning for crane lifting in complex environments[J]. Automation in construction,2016,62:133-147.

[65] 邓乾旺,高礼坤,罗正平,等.基于多目标遗传算法的起重机吊装路径规划[J].湖南大学学报(自然科学版),2014,41(1):63-69.

[66] KIM S, KIM S, LEE D. Sequential dependency structure matrix based framework for leveling of a tower crane lifting plan[J].Canadian journal of civil engineering,2018,45(6):516-525.

[67] 郑艺杰,张晋,尹万云,等.装配整体式剪力墙结构构件吊装分析[J].施工技术,2015,44(增刊1):572-576.

[68] HAN S H, HASAN S, BOUFERGUENE A, et al. Utilization of 3D visualization of mobile crane operations for modular construction on-site assembly[J].Journal of management in engineering,2015,31(5):04014080.

[69] OLEARCZYK J, AL-HUSSEIN M, BOUFERGUENE A, et al. Virtual construction automation for modular assembly operations[C]//Construction Research Congress 2009, April 5-7, 2009, Seattle, Washington, USA. Reston, VA,USA:American Society of Civil Engineers,2009:406-415.

[70] 王俊,赵基达,胡宗羽.我国建筑工业化发展现状与思考[J].土木工程学报,2016,49(5):1-8.

[71] YOO W S,LEE H J,KIM D I,et al. Genetic algorithm-based steel erection planning model for a construction automation system[J]. Automation in construction,2012,24:30-39.

[72] 赵学鑫,郭泰源,李鹏宇,等.中国尊大厦结构工程核心筒钢板剪力墙安装及焊接施工技术[C]//中国建筑金属结构协会钢结构专家委员会.装配式钢结构建筑技术研究及应用.北京:中国建筑工业出版社,2017:93-109.

[73] 张胜利,马冲,钱晶,等.装配整体式剪力墙结构预制构件安装技术[J].城市住宅,2017(4):48-51.

[74] 蒋红妍,徐锐,白雨晴.装配式剪力墙结构组装进度的关键影响因素分析及应用[J].工程管理学报,2017,31(3):119-123.

[75] WANG Q K,GUO Z,MEI T T,et al. Labor crew workspace analysis for prefabricated assemblies' installation[J]. Engineering,construction and architectural management,2018,25(3):374-411.

[76] MOHSEN O M,KNYT P J,ABDULAAL B,et al. Simulation of modular building construction[C]//Proceedings of the 2008 winter simulation conference,global gateway to discovery. Miami,Florida,USA:[s. n.],2008:2471-2478.

[77] JOHNSTON B,BULBUL T,BELIVEAU Y J,et al. An assessment of pictographic instructions derived from a virtual prototype to support construction assembly procedures[J]. Automation in construction,2016,64(64):36-53.

[78] 董骁,王一凡,武绍彭,等.建筑信息模型(BIM)技术在 AP1000 核岛大件吊装仿真中的应用[J].工业建筑,2014,44(7):178-182.

[79] MANRIQUE J D,AL-HUSSEIN M,TELYAS A,et al. Constructing a complex precast tilt-up-panel structure utilizing an optimization model,3D CAD,and animation[J]. Journal of construction engineering and management,2007,133(3):199-207.

[80] HU W F. Automatic construction process of prefabricated buildings on geometric reasoning[C]//Construction research congress 2005,April 5-7,2005,San Diego,California,USA. Reston,VA,USA:American Society of Civil Engineers,2005:1-10.

[81] 胡文发.基于几何推理的建筑施工流程安排研究[J].同济大学学报(自然

科学版),2007,35(4):566-570.

[82] SHEWCHUK J P,GUO C. Panel stacking,panel sequencing,and stack locating in residential construction: lean approach〔J〕. Journal of construction engineering and management-asce,2012,138(9):1006-1016.

[83] GUO C. Panel stacking and worker assignment problems in residential construction using prefabricated panels:a lean approach[D]. Blacksburg: Virginia Polytechnic Institute and State University,2010.

[84] ZHAO Z W,ZHU H,CHEN Z H,et al. Optimizing the construction procedures of large-span structures based on a real-coded genetic algorithm[J]. International journal of steel structures, 2015, 15 (3): 761-776.

[85] 付兵,刘国华,王振宇.大型钢筋混凝土长柱吊装的最优方案研究[J]. 工程力学,2005(1):195-199.

[86] 范重,刘先明,胡天兵,等. 国家体育场钢结构施工过程模拟分析[J]. 建筑结构学报,2007,28(2):134-143.

[87] 王峻,梁进达. 泰州大桥悬索主桥钢箱梁吊装施工顺序的确定[J]. 中国工程科学,2012,14(5):41-45.

[88] 包雯蕾,王秀丽,崔延渊.大跨度钢管桁架结构施工顺序优选分析[J]. 兰州理工大学学报,2012,38(2):100-105.

[89] GAO Z Y,XUE S D,HE Y F. Analysis of design and construction integration of rigid bracing dome[J]. Advances in structural engineering, 2015,18(11):1947-1958.

[90] ZHOU K,LUO X W,LI Q. Decision framework for optimal installation of outriggers in tall buildings[J]. Automation in construction,2018,93:200-213.

[91] KASPERZYK C,KIM M K,BRILAKIS I. Automated re-prefabrication system for buildings using robotics〔J〕. Automation in construction, 2017,83:184-195.

[92] PING TSERNG H,YIN Y L,JASELSKIS E J,et al. Modularization and assembly algorithm for efficient MEP construction〔J〕. Automation in construction,2011,20(7):837-863.

[93] WANG Y. The selection of prefabricated components supply partners

based on BOCR-TOPSIS method[J]. Revista de la facultad de ingenieria, 2017,32(5):197-208.

[94] GAN X L,CHANG R D,ZUO J,et al. Barriers to the transition towards off-site construction in China: an interpretive structural modeling approach[J]. Journal of cleaner production,2018,197(1):8-18.

[95] LIANG H K, ZHANG S J, SU Y K. Evaluating the efficiency of industrialization process in prefabricated residential buildings using a fuzzy multicriteria decision-making method[J]. Mathematical problems in engineering,2017,2017:1-12.

[96] XUE X L, ZHANG X L, WANG L, et al. Analyzing collaborative relationships among industrialized construction technology innovation organizations:a combined SNA and SEM approach[J]. Journal of cleaner production,2018,173:265-277.

[97] KIM D,KIM Y,LEE N. A study on the interrelations of decision-making factors of information system (IS) upgrades for sustainable business using interpretive structural modeling and MICMAC analysis [J]. Sustainability,2018,10(3):872.

[98] DEHDASHT G,MOHAMAD ZIN R,FERWATI M,et al. DEMATEL-ANP risk assessment in oil and gas construction projects [J]. Sustainability, 2017,9(8):1420.

[99] CUADRADO J, ZUBIZARRETA M, ROJÍ E, et al. Sustainability-related decision making in industrial buildings: an AHP analysis[J]. Mathematical problems in engineering,2015,2015:1-13.

[100] LI C Z,XUE F,LI X,et al. An internet of things-enabled BIM platform for on-site assembly services in prefabricated construction[J]. Automation in construction,2018,89:146-161.

[101] BATAGLIN F S,VIANA D D,FORMOSO C T,et al. 4D BIM applied to logistics management: implementation in the assembly of engineer-to-order prefabricated concrete systems[J]. Ambiente construído, 2018, 18(1):173-192.

[102] DE MATTOS NASCIMENTO D L,SOTELINO E D,LARA T P S,et al. Constructability in industrial plants construction:a BIM-Lean approach using

the Digital Obeya Room framework[J]. Journal of civil engineering and management,2017,23(8):1100-1108.

[103] TAO X Y,MAO C,XIE F Y,et al. Greenhouse gas emission monitoring system for manufacturing prefabricated components[J]. Automation in construction,2018,93:361-374.

[104] 张传生,张凯. 工业化预制装配式住宅建设研究与应用 [J]. 住宅产业, 2012(6):24-28.

[105] TENG Y,LI K J,PAN W,et al. Reducing building life cycle carbon emissions through prefabrication:evidence from and gaps in empirical studies[J]. Building and environment,2018,132:125-136.

[106] HONG J K,SHEN G Q,MAO C,et al. Life-cycle energy analysis of prefabricated building components:an input-output-based hybrid model [J]. Journal of cleaner production,2016,112:2198-2207.

[107] POLAT G. Factors affecting the use of precast concrete systems in the United States[J]. Journal of construction engineering and management, 2008,134(3):169-178.

[108] ARASHPOUR M,WAKEFIELD R,BLISMAS N,et al. Autonomous production tracking for augmenting output in off-site construction[J]. Automation in construction,2015,53:13-21.

[109] HONG J K, SHEN G Q, LI Z D, et al. Barriers to promoting prefabricated construction in China:a cost-benefit analysis[J]. Journal of cleaner production,2018,172:649-660.

[110] KIM M,CHENG J C P,SOHN H,et al. A framework for dimensional and surface quality assessment of precast concrete elements using BIM and 3D laser scanning [J]. Automation in construction, 2015, 49: 225-238.

[111] CHEN Y,OKUDAN G E,RILEY D R. Sustainable performance criteria for construction method selection in concrete buildings[J]. Automation in construction,2010,19(2):235-244.

[112] 张锐昕. 项目管理[M]. 北京:清华大学出版社,2013.

[113] 瞿世鹏. 船体平面分段建造装配序列规划与装配线平衡方法研究[D]. 上海:上海交通大学,2014.

[114] HOSSEINI M R,MAGHREBI M,AKBARNEZHAD A,et al. Analysis of citation networks in building information modeling research[J]. Journal of construction engineering and management,2018,144(8):04018064.

[115] HOEKSTRA J. Big buzz for BIM:is the latest approach to A/E/C software a revolutionary one or just repackaged technology at a higher price? [J]. Architecture,2003,92(7):79-81.

[116] KIM K,CHO Y,KIM K. BIM-driven automated decision support system for safety planning of temporary structures[J]. Journal of construction engineering and management,2018,144(8):04018072.

[117] 孙成双,江帆,满庆鹏.BIM 技术在建筑业的应用能力评述[J].工程管理学报,2014,28(3):27-31.

[118] 朱记伟,蒋雅丽,翟曌,等.基于知识图谱的国内外 BIM 领域研究对比[J].土木工程学报,2018,51(2):113-120.

[119] YANG Y,WEI X Z. Research and application of BIM technology in the design of prefabricated and assembled concrete structures[J]. Agro food industry hi-tech,2017,28(1):542-546.

[120] XU J,LI B K,LUO S M. Practice and exploration on teaching reform of engineering project management course in universities based on BIM simulation technology[J]. Eurasia journal of mathematics,science and technology education,2018,14(5):1827-1835.

[121] RITA M,FAIRBAIRN E,RIBEIRO F,et al. Optimization of mass concrete construction using a twofold parallel genetic algorithm[J]. Applied sciences,2018,8(3):399.

[122] PINTO A R F,CREPALDI A F,NAGANO M S. A genetic algorithm applied to pick sequencing for billing [J]. Journal of intelligent manufacturing,2018,29(2):405-422.

[123] LU H,WANG H W,XIE Y,et al. Study on construction material allocation policies:a simulation optimization method[J]. Automation in construction,2018,90:201-212.

[124] GROBA C,SARTAL A,VAZQUEZ X H. Solving the dynamic traveling salesman problem using a genetic algorithm with trajectory prediction [J]. Computers & operations eesearch,2015,56:22-32.

［125］郑世杰,郭腾飞,董会丽,等.基于混合编码遗传算法和有限元分析的压电结构载荷识别[J].计算力学学报,2009(3):330-335.

［126］PILLAI A S,SINGH K,SARAVANAN V,et al. A genetic algorithm-based method for optimizing the energy consumption and performance of multiprocessor systems[J]. Soft computing,2018,22(10):3271-3285.

［127］ZHANG N,YANG X L,ZHANG M,et al. A genetic algorithm-based task scheduling for cloud resource crowd-funding model[J]. International journal of communication systems,2018,31(1):3394.

［128］LARRANAGA P,KUIJPERS C M H,MURGA R H,et al. Genetic algorithms for the travelling salesman problem:a review of representations and operators[J]. Artificial intelligence review,1999,13(2):129-170.

［129］KARAKHAN A A,RAJENDRAN S,GAMBATESE J A,et al. Measuring and evaluating safety maturity of construction contractors:multicriteria decision-making approach [J]. Journal of construction engineering and management,2018,144(7):04018054.

［130］OJOKO E O,OSMAN M H,ABDUL RAHMAN A B A,et al. Evaluating the critical success factors of industrialised building system implementation in Nigeria:the stakeholders' perception [J]. International journal of built environment and sustainability,2018,5(2):127-133.

［131］LIU X C,LI L S,LIU X H,et al. Field investigation on characteristics of passenger flow in a Chinese hub airport terminal [J]. Building and environment,2018,133:51-61.

［132］LI H,LI X Y,LUO X C,et al. Investigation of the causality patterns of non-helmet use behavior of construction workers[J]. Automation in construction,2017,80:95-103.

［133］ZHAO X J,CHANG T Y,HWANG B G,et al. Critical factors influencing business model innovation for sustainable buildings [J]. Sustainability,2017,10(1):1-19.

［134］LAM T Y M,SIWINGWA N. Risk management and contingency sum of construction projects[J]. Journal of financial management of property and construction,2017,22(3):237-251.

［135］LIU W,ZHAO T S,ZHOU W,et al. Safety risk factors of metro tunnel construction in China:an integrated study with EFA and SEM[J]. Safety science,2018,105:98-113.

[136] DURDYEV S,ISMAIL S,KANDYMOV N. Structural equation model of the factors affecting construction labor productivity[J]. Journal of construction engineering and management,2018,144(4):04018007.

[137] 常启军,王璐,金虹敏. 基于 DEMATEL 与 ISM 的内部控制创新研究 [J]. 会计之友,2016(8):80-85.

[138] YU T,SHI Q,ZUO J,et al. Critical factors for implementing sustainable construction practice in HOPSCA projects:a case study in China[J]. Sustainable cities and society,2018,37:93-103.

[139] SHI Q,YU T,ZUO J, et al. Challenges of developing sustainable neighborhoods in China[J]. Journal of cleaner production, 2016, 135: 972-983.

[140] SHEN L Y,SONG X N,WU Y,et al. Interpretive Structural Modeling based factor analysis on the implementation of Emission Trading System in the Chinese building sector[J]. Journal of cleaner production,2016, 127:214-227.

[141] GUO L L,QU Y,WU C Y,et al. Evaluating green growth practices:empirical evidence from China[J]. Sustainable development,2018,26(3):302-319.

[142] IACOVIDOU E,PURNELL P,LIM M. The use of smart technologies in enabling construction components reuse:a viable method or a problem creating solution? [J]. Journal of environmental management,2017, 216:214-223.

[143] 陈华君,林凡,郭东辉,等. RFID 技术原理及其射频天线设计[J]. 厦门大学学报(自然科学版),2005(增刊 1):312-315.

[144] LUO X W,O'BRIEN W J,LEITE F,et al. Exploring approaches to improve the performance of autonomous monitoring with imperfect data in location-aware wireless sensor networks[J]. Advanced engineering informatics,2014,28(4):287-296.

[145] LEE U K,KANG K I,KIM G H,et al. Improving tower crane productivity using wireless technology[J]. Computer-aided civil and infrastructure engineering,2006,21(8):594-604.

［146］LU W S,HUANG G Q,LI H. Scenarios for applying RFID technology in construction project management［J］. Automation in construction, 2011,20(2):101-106.

［147］DONG S,LI H,YIN Q. Building information modeling in combination with real time location systems and sensors for safety performance enhancement［J］. Safety science,2018,102:226-237.

［148］ALTAF M S,BOUFERGUENE A,LIU H X,et al. Integrated production planning and control system for a panelized home prefabrication facility using simulation and RFID［J］. Automation in construction,2018,85:369-383.

［149］常春光,吴飞飞. 基于BIM和RFID技术的装配式建筑施工过程管理［J］. 沈阳建筑大学学报(社会科学版),2015,17(2):170-174.

［150］CHEN C,WANG J,WANG J C,et al. Developing indicators for sustainable campuses in Taiwan using fuzzy Delphi method and analytic hierarchy process［J］. Journal of cleaner production,2018,193:661-671.

［151］任凯珍,冒建,陈国浒. 关于地质灾害孕灾因子权重确定的探讨［J］. 中国地质灾害与防治学报,2011,22(1):80-86.

［152］ZHANG W S,WANG C,ZHANG L,et al. Evaluation of the performance of distributed and centralized biomass technologies in rural China［J］. Renewable energy,2018,125:445-455.

［153］WANG L,DENG X G. Multi-block principal component analysis based on variable weight information and its application to multivariate process monitoring［J］. The canadian journal of chemical engineering,2018,96(5):1127-1141.

［154］YAN B,YAN C,LONG F,et al. Multi-objective optimization of electronic product goods location assignment in stereoscopic warehouse based on adaptive genetic algorithm［J］. Journal of intelligent manufacturing,2018,29(6):1273-1285.

［155］SHEN L Y,YAN H,FAN H Q,et al. An integrated system of text mining technique and case-based reasoning（TM-CBR）for supporting green building design［J］. Building and environment,2017,124:388-401.

［156］LEŚNIAK A,ZIMA K. Cost calculation of construction projects including sustainability factors using the case based reasoning（CBR）method［J］.

Sustainability,2018,10(5):1608.

[157] 侯玉梅,许成媛.基于案例推理法研究综述[J].燕山大学学报(哲学社会科学版),2011,12(4):102-108.

[158] 王家岳,陈华,张双龙,等.预制混凝土结构吊装速率的影响因素及对策[J].科学研究,2017,39(6):881-882,885.

[159] 罗杰,宋发柏,沈李智,等.装配式建筑施工安全管理若干要点研究[J].建筑安全,2016,31(8):19-25.

[160] 秦旋,李奥蕾,张榕,等.建筑工业化影响因素层级结构关系研究:来自厦门的调查[J].重庆大学学报(社会科学版),2017,23(6):30-40.

[161] CHEN S Z. Exploration of the application of ISM model in construction cost control at construction project design phase[J]. Revista de la facultad de ingenieria,2017,32(13):95-99.

[162] 郭礼扬.基于改进 ISM 和 MICMAC 模型的地铁火灾风险因素研究[J].武汉理工大学学报,2017,39(4):36-41,51.

[163] 李宗富,张向先.政务微信公众号服务质量的关键影响因素识别与分析[J].图书情报工作,2016(14):84-93.

[164] 孙永河,韩玮,段万春.复杂系统 DEMATEL 算法研究进展评述[J].控制与决策,2017,32(3):385-392.

[165] SEKER S,ZAVADSKAS E K. Application of fuzzy DEMATEL method for analyzing occupational risks on construction sites[J]. Sustainability,2017,9(11):2083.

[166] TAN X,WANG H,FU L Z,et al. Collision detection and signal recovery for UHF RFID systems[J]. IEEE transactions on automation science and engineering,2018,15(1):239-250.

[167] JAYADI R,LAI Y C,LIN C C. Efficient time-oriented anti-collision protocol for RFID tag identification[J]. Computer communications,2017,112:141-153.

[168] 谢磊,殷亚凤,陈曦,等.RFID 数据管理:算法、协议与性能评测[J].计算机学报,2013,36(3):457-470.

[169] 吴海锋,曾玉,丰继华.无标签数估计的被动 RFID 标签防冲突二进制树时隙协议[J].计算机研究与发展,2012,49(9):1959-1971.

[170] 郭振军,孙应飞.基于标签分组的 RFID 系统防碰撞算法[J].电子与信息

学报,2017,39(1):250-254.

[171] HOU Y X,ZHENG Y Q. PHY-tree:physical layer tree-based RFID identification[J]. ACM transactions on networking,2018,26(2):711-723.

[172] 张运诗,仲兆准,钟胜奎,等.基于 Visual Studio 2010 的员工信息数据库设计和实现[J].电脑知识与技术,2013,9(28):6246-6249.

[173] SUN C S,MAN Q P,WANG Y W. Study on BIM-based construction project cost and schedule risk early warning[J]. Journal of intelligent & fuzzy systems,2015,29(2):469-477.

[174] 蒋宇,单鸿涛,施一萍,等.基于 Fuzzy-AHP 的输变电工程评价系统设计[J].电力科学与工程,2018,34(6):30-36.

[175] 李亚群,段万春,孙永河,等.欠发达地区人力资本投资主要影响因素的辨识与分析[J].软科学,2013,27(6):69-72.

[176] BAKIR S,KHAN S,AHSAN K,et al. Exploring the critical determinants of environmentally oriented public procurement using the DEMATEL method [J]. Journal of environmental management,2018,225(1):325-335.

[177] 肖丁丁,张文峰.基于 DEMATEL 方法的绿色物流发展关键因素分析[J].工业工程,2010,13(1):52-57.

[178] DUCHACZEK A,SKORUPKA D. The optimisation of the selection of means of transport for the implementation of chosen construction projects[J]. KSCE journal of civil engineering,2018,22(9):3633-3643.